煤矿全员安全素质提高必读丛书

煤矿企业职工安全生产
应知应会知识读本

主　　编　王明生　李占岭

编写人员　李占岭　李　卓　姚　乐

中国矿业大学出版社

内 容 摘 要

本书是《煤矿企业职工安全生产应知应会知识读本》。书中全面阐述了安全生产方针及煤矿安全生产法律法规、煤矿安全生产基础知识、入井须知、矿井事故防治基础知识、煤矿危险源辨识和防治措施、井下避灾与互救基本知识等。书中还附有煤矿井下安全标志。

本书内容简明扼要，通俗易懂，适应广大矿工的阅读习惯，即可作为矿工班前、班后会上进行安全教育的生动教材，也是煤矿企业全员培训的必备教材，更是矿工应该随身携带、随时学习的安全知识读本。

图书在版编目（CIP）数据

煤矿企业职工安全生产应知应会知识读本/王明生，李占岭主编．—徐州：中国矿业大学出版社，2014.3
　　ISBN 978-7-5646-1924-4

　　Ⅰ.①煤… Ⅱ.①王… ②李… Ⅲ.①煤矿企业—安全生产—基本知识 Ⅳ.①TD7

中国版本图书馆 CIP 数据核字（2013）第 146987 号

书　　名	煤矿企业职工安全生产应知应会知识读本
主　　编	王明生　李占岭
责任编辑	于世连
策　　划	杨　帆
出版发行	中国矿业大学出版社有限责任公司
	（江苏省徐州市解放南路　邮编 221008）
营销热线	（0516）83885307　83884995
出版服务	（0516）83885767　83884920
网　　址	http：//www.cumtp.com　**E-mail**：cumtpvip@cumtp.com
印　　刷	北京市密东印刷有限公司
开　　本	850×1168　1/32　**印张** 9.875　**字数** 218 千字
版次印次	2014 年 3 月第 1 版　2014 年 3 月第 1 次印刷
定　　价	25.00 元

（图书出现印装质量问题，本社负责调换）

前　　言

　　为进一步贯彻落实国务院安委会颁发的《关于进一步加强安全培训工作的决定》精神，切实提高煤矿企业从业人员安全素质，提升安全培训的质量和水平，为煤矿企业安全生产形势持续稳定好转奠定基础。

　　对煤矿企业从业人员进行安全教育培训，是非常必要的智力投资，是企业强化安全意识、增强安全管理知识、搞好安全生产的基础工作之一，更是实现煤矿企业安全生产状况根本好转的重要途径。因此，煤矿企业要经常对员工进行安全生产方针、安全法规、安全思想、安全知识、安全技术、安全技能等方面的教育培训，使全体职工熟悉与本职工作有关的各项法规、制度和操作方法，做到应知应会，全面提高职工的安全技术知识水平和综合素质，做到人人无违章，事事不留隐患，从而实现企业安全生产无事故。

　　本书从综合提高煤矿企业井下作业人员安全技术知识和基本技能出发，全面阐述了安全生产方针及煤矿安全生产法律法规、煤矿安全生产基础知识、入井须知、矿井事故防治基础知识、煤矿危险源辨识和防治措施、井下避灾与互救基本知识等，使煤矿井下作业人员通过这些培训，掌握标准作业的各项知识和必备技能，为改善煤矿企业安全生产状况打下坚实的基础。

　　在本书的编写过程中，得到了全国各级煤矿安全培训中心和有关单位、部门的大力支持与帮助，且参考了一些专家的著作，在此谨向给予本书的编写与出版以帮助的所有领导、专家表示真诚的谢意！

　　由于作者水平有限，书中欠妥之处在所难免，敬请读者批评指正。

编　者
2013 年 11 月

目　　录

第一章　煤矿安全生产方针及法律法规

第一节　煤矿安全生产方针

一、安全生产方针的含义

方针是国家或政党在一定历史时期内，为达到一定目标而确定的指导思想和遵循原则。"安全第一，预防为主，综合治理"是党和国家确定的新的安全生产方针，是各级人民政府、各有关部门和各类生产经营单位实现安全生产所必须遵循的行为准则，是各级安全生产监督管理部门行政执法的重要依据和处罚各种安全生产违法行为的有力武器。

安全第一，就是在生产过程中把安全放在第一重要的位置上，切实保护劳动者的生命安全和身体健康。在新的历史条件下坚持安全第一，是贯彻落实以人为本的科学发展观、构建社会主义和谐社会的必然要求。以人为本，就必须珍爱人的生命；科学发展，就必须安全发展；构建和谐社会，就必须构建安全社会。坚持安全第一的方针，对于捍卫人的生命尊严、构建安全社会、促进社会和谐、实现安全发展具有十分重要的意义。因此，在安全生产工作中贯彻落实科学发展观，就必须始终坚持安全第一。

预防为主，就是把安全生产工作的关口前移，超前防范，建立预教、预测、预想、预报、预警、预防的递进式、立体化事故隐患预防体系，改善安全状况，预防安全事故。在新时期，预防为主的方针又有了新的内涵，即通过建设安全文化、健全安全法制、提高安全科技水平、落实安全责任、加大安全投入，构筑坚固的安全防线。具体地说，就是促进安全文化建设与社会文化建设的互动；建立健全有关的法律法规和规章制度，依靠法制的力量促进安全事故防范；大力实施"科技兴安"战略，把安全生产状况的根本好转建立在依靠科技进步和提高劳动者素质的基础上；强化安全生产责任制和问责制，创新安全生产监管体制，严厉打击安全生产领域的腐败行为；健全和完善中央、地方、企业共同投入机制，提升安全生产投入水平，增强基础设施的安全保障能力。

综合治理，是指适应我国安全生产形势的要求，自觉遵循安全生产规律，正视安全生产工作的长期性、艰巨性和复杂性，抓住安全生产工作中的主要矛盾和关键环节，综合运用经济、法律、行政等手段，人管、法治、技防多管齐下，并充分发挥社会、职工、舆论的监督作用，有效解决安全生产领域的问题。实施综合治理，是由我国安全生产中出现的新情况和面临的新形势决定的。在社会主义市场经济条件下，利益主体多元化，不同利益主体对待安全生产的态度和行为差异很大，需要因情制宜、综合防范；安全生产涉及的领域广泛，每个领域的安全生产又各具特点，需要防治手段的多样化；实现安全生产，必须从文化、法制、科技、责任、投入等方面多管齐下，综合施治；安全生产法律政策的落实，需要各级党委和政府的领导、有关部门的合作以及全社会的参与；目前我国的安全生产既存在历史积淀的沉重包袱，又面临经济结构调整、增长方式转变带来的挑战，要从根本上解决安全生产问题，就必须实施综合治理。从近年来安全监管的实践，特别是今年联合执法的实践来看，综合治理是落实安全生产方针政策、法律法规的最有效手段。因此，综合治理具有鲜明的时代特征和很强的针对性，是我们党在安全生产新形势下做出的重大决策，体现了安全生产方针的新发展。

"安全第一，预防为主，综合治理"的安全生产方针是一个有机统一的整体。"安全第一"是预防为主、综合治理的统帅和灵魂，没有安全第一的思想，预防为主就失去了思想支撑，综合治理就失去了整治依据。"预防为主"是实现安全第一的根本途径。只有把安全生产的重点放在建立事故隐患预防体系上，超前防范，才能有效减少事故损失，实现安全第一。"综合治理"是落实安全第一、预防为主的手段和方法。只有不断健全和完善综合治理工作机制，才能有效贯彻安全生产方针，真正把安全第一、预防为主落到实处，不断开创安全生产工作的新局面。

二、安全生产相关政策的原则

1. "管生产必须管安全"的原则

各级生产管理人员必须同时管理安全，正确处理安全与生产的关系，做到不安全不生产。

2. "安全具有否决权"的原则

在对公司及各部门各项指标考核、评选先进时，安全生产指标具有一票否决的作用。

3. "三同时"原则

新建、改建、扩建项目的安全设施与设计必须与主体工程同时设计、同时施工、同时投产和使用。

4. "五同时"原则

企业的生产组织及领导者在计划、布置、检查、总结、评比生产工作的同时，同时计划、布置、检查、总结、评比安全工作。

5. "四不放过"原则

事故原因未查清不放过，当事人和群众没有受到教育不放过，事故责任人未受到处理不放过，没有制订切实可行的预防措施不放过。

6. "三个同步"原则

安全生产与经济建设、深化改革、技术改造同步规划、同步发展、同步实施。

7. "谁主管，谁负责"原则

企业是安全生产的主体，承担主体责任，企业负责人或实际投资人是企业安全生产的第一责任人，对企业的安全生产负全责。

8. "三并重"原则

"管理、装备、培训"三并重，是我国煤矿落实安全生产方针的基本原则，该原则是我国煤矿安全生产长期实践经验的总结。先进科学的管理是煤矿安全生产的重要保证，可以弥补技术装备的不足，能够减少事故，保障安全生产。装备是煤矿实施安全作业、创造安全生产环境的工具，先进的技术装备能够提高工作效率，也能创造良好的安全作业环境，避免和减少事故的发生和事故损失。培训是提高员工安全技术素质的主要手段，许多事故的发生，其主要原因是法制观念和安全意识淡薄或缺乏专业技术知识造成的，只有重视安全培训，进行全方位安全培训，才能真正落实好煤矿安全生产方针。

第二节　法律基础知识

一、法的分类

现行我国法的分类是：① 成文法与不成文法；② 实体法与程序法；③ 根本法与普通法；④ 一般法与特别法；⑤ 国际法与国内法；⑥ 公法与私法。

二、法律规范

法律规范是指由国家制定或认可的，并由国家强制力保证实施的行为规则；是指由国家制定或认可的，反映国家意志的，具体规定权利义务及法律后果的行为准则；是指通过国家立法机关制定或认可的，用以指导、约束人们行为的行为规范。

三、法的形式

根据宪法和有关法律的规定，我国法律的主要形式有八种。
1. 宪法
宪法是我国的根本大法；是国家的总章程，在我国的法律体系中具有最高的法律地位和法律效力；是我国最主要的法律渊源。
2. 法律
按照法律制定的机关及调整的对象和范围不同，法律可分为基本法律和一般法律。

基本法律是由全国人民代表大会制定和修改的，规定和调整国家和社会生活中某一方面带有基本性和全面性的社会关系的法律，如《刑法》、《民法通则》、《刑事诉讼法》、《民事诉讼法》和《行政诉讼法》等。

一般法律是由全国人民代表大会常务委员会制定或修改的，规定和调整除由基本法律调整以外的，涉及国家和社会生活某一方面的关系的法律，如《商标法》、《产品质量法》、《国家赔偿法》等。

法律是依据宪法的原则和规定制定的，其地位低于宪法，但高于其他的法律渊源。

3. 行政法规

行政法规是最高国家行政机关制定的有关国家行政管理方面的规范性文件，其地位和效力低于宪法和法律。

4. 地方性法规

地方性法规是指省、自治区、直辖市以及省、自治区人民政府所在地的市和经国务院批准的较大的市的人民代表大会及其常委会，在其法定权限内制定的法律规范性文件。地方性法规具有地方性，只在本辖区内有效，其地位和效力低于宪法、法律和行政法规，不得与宪法、法律和行政法规相抵触。

5. 自治条例和单行条例

自治条例和单行条例是民族自治地方的人民代表大会依照法定的自治权，在其职权范围内制定的带有民族区域自治特点的法律规范性文件。

6. 行政规章

行政规章是指国务院各部委和各省、自治区、直辖市以及省、自治区人民政府所在地的市和国务院批准的较大的市的人民政府为了管理国家行政事务所制定的法律规范性文件。行政规章的效力低于前面五种法的形式，但同样是我国法的渊源之一。

7. 特别行政区的法

香港、澳门特别行政区实施的法律包括与基本法不相抵触的原法律，是我国法的一部分，是我国法的一种特殊形式。

8. 国际条约

国际条约是两个或者两个以上国家之间规定相互之间权利和义务的各种协定，是我国法的一种形式，对所有国家机关、社会组织和公民都具有法律效力。

四、法律关系

法律关系是根据法律规范产生的、以主体之间的权利与义务关系的形式表现出来的特殊的社会关系。法律关系由主体、内容和客体三个要素构成。

（一）法律关系主体

法律关系主体是法律关系的参加者，即在法律关系中一定权利的享有者和一定义务的承担者。在每一具体的法律关系中，主体的多少各不相同，在大体上都属于相对应的双方：一方是权利的享有者，称为权利人；另一方是义务的承担者，称为义务人。

法律关系主体的种类有三种：

（1）公民（自然人）。

（2）机构和组织（法人）。

（3）国家。

（二）法律关系内容

1. 权利和义务的概念

权利是指法律保护的某种利益。从行为方式的角度看，它表现为要求权利相对人可以怎样行为、必须怎样行为或不得怎样行为。

义务是指人们必须履行的某种责任。它表现为必须怎样行为和不得怎样行为两种方式。

在法律调整状态下，权利是受法律保障的利益，真行为方式表现为意志和行为的自由。义务则是对法律所要求的意志和行为的限制，以及利益的付出。权利和义务是法律调整的特有机制，是法律行为区别于道德行为最明显的标志，也是法律和法律关系内容的核心。

2. 权利和义务的分类

根据权利和义务所体现的社会内容的重要程度不同，分为基本的权利和义务与普通的权利和义务。

根据权利和义务的适用范围不同，分为一般的权利和义务与特殊权利和义务。

根据权利和义务的主体不同，分为公民的权利和义务、集体的权利和义务、国家的权利和义务（职权和职责）、人身的权利和义务（人权）。

根据部门法的划分，还可以把权利和义务分为民事权利和义务、诉讼权利和义务等。

3. 权利和义务的相互关系

从宏观方面讲，可以把权利与义务的关系概括为：历史进程中曾有的离合关系逻辑结构上的对立统一关系，总体数量上的等值关系，功能上的互补关系，运行中的制约关系，价值意义上的主次关系。

（三）法律关系客体

法律关系客体是指法律关系主体之间的权利和义务所指向的对象。

法律关系客体的种类有三种：

（1）物。法律意义上的物是指法律关系主体支配的、在生产和生活上所需要的客观实体。

（2）人身。人身是由各个生理器官组成的生理整体（有机体）。

（3）精神产品。精神产品是人通过某种物体（如书本、砖石、纸张、胶片、磁盘）或大脑记载下来并加以流传的思维成果。

五、法律效力

（一）法律生效的范围

（1）时间效力。时间效力指法律开始生效的时间和终止生效的时间。

（2）空间效力。空间效力指法律生效的地域（包括领海、领空）。通常全国性法律适用于全国，地方性法规仅在本地区有效。

（3）对人的效力。对人的效力指法律对什么人生效，如有的法律适用于全国公民，有的法律只适用于一部分公民。

（二）法律上的约束力

如某个合同发生法律效力，就是该合同符合法律规定的条件和程序，因而受到法律的保护。

六、法律责任

（一）法律责任的定义

法律责任是指因违反了法定义务或契约义务，或不当行使法律权利、权力所产生的，由行为人承担的不利后果。

（二）法律责任的特点

（1）法律责任表示一种因违反法律上的义务（包括违约等）关系而形成的责任关系，它是以法律义务的存在为前提的。

（2）法律责任表示一种责任方式，即承担不利后果。

（3）法律责任具有内在逻辑性，即存在前因与后果的逻辑关系。

（4）法律责任的追究是由国家强制力实施或者潜在保证的。

（三）法律责任的分类

（1）民事责任。民事责任是指由于违反民事法律、违约或者由于民法规定所应承担的一种法律责任。

（2）刑事责任。刑事责任是指行为人因其犯罪行为所必须承受的，由司法机关代表国家所确定的否定性法律后果。

（3）行政责任。行政责任是指因违反行政法规定或因行政法规定而应承担的法律责任。

（4）违宪责任。违宪责任是指由于有关国家机关制定的某种法律和法规、规章，或有关国家机关、社会组织或公民从事了与宪法规定相抵触的活动而产生的法律责任。

（5）国家赔偿责任。国家赔偿责任是指在国家机关行使公共权力时由于国家机关及其工作人员违法行使职权所引起的由国家作为承担主体的赔偿责任。

（四）法律责任的构成

根据违法行为的一般特点，法律责任的构成要件可概括为主体、过错、违法行为、损害事实和因果关系五个方面。

（1）主体。主体是指违法主体或者承担法律责任的主体。责任主体不完全等同于违法主体。

（2）过错。过错即承担法律责任的主观故意或者过失。

（3）违法行为。违法行为是指违反法律所规定的义务、超越权利的界限行使权利以及侵权行为的总称，一般认为违法行为包括犯罪行为和一般违法行为。

（4）损害事实。损害事实即受到的损失和伤害的事实，包括对人身、对财产、对精神（或者三方面兼有的）的损失和伤害。

（5）因果关系。因果关系即行为与损害之间的因果关系，它是存事于自然界和人类社会中的各种因果关系的特殊形式。

（五）归责与免责

法律责任的认定和归结简称"归责"，它是指对违法行为所引起的法律责任进行判断、确认、归结、缓减以及免除的活动。

（六）惩罚性责任与补偿性责任

根据追究责任的目的，法律责任分为惩罚性责任和补偿性责任。

（1）惩罚性责任。惩罚性责任即法律制裁，是国家以法律的道义性为基础，通过强制力对责任主体的人身和精神实施制裁的责任方式。

（2）补偿性责任。补偿性责任是国家以功利性为基础，通过强制力或当事人要求责任主体以作为或不作为形式弥补或赔偿所造成损失的责任方式。

第三节　煤矿安全生产法律法规

一、煤矿安全生产法律法规体系

改革开放以来，我国的立法工作发展较快，煤矿安全法律法规体系已经形成，主要有四个部分：

一是全国人民代表大会及其常务委员会颁布的关于安全生产的法律，如《安全生产法》、《矿山安全法》、《煤炭法》等；

二是国务院颁布的关于安全生产的行政法规，如《煤矿安全监察条例》、《矿山安全法实施条例》、《煤炭生产许可证管理办法》等；

三是省（自治区、直辖市）级人民代表大会及其常务委员会颁布的关于安全生产的地方性法规，只限于本地区使用，如《××省矿山安全法实施办法》、《××省煤炭法实施办法》等；

四是国务院有关部委、省级人民政府颁布的关于安全生产的规章和地方规章，如《煤矿安全规程》、《爆破安全规程》、《安全生产培训管理办法》等。

二、安全生产主要法律法规

（一）安全生产法

1.《安全生产法》立法的目的与意义

《安全生产法》于 2002 年 6 月 29 日由第九届全国人民代表大会常务委员会第 28 次会议通过，自 2002 年 11 月 1 日起施行。制定这部法律的目的是：为了加强安全生产的监督管理，防止和减少安全事故，保障人民群众生命和财产安全，促进经济发展。其意义是四个需要：一是依法加强监督管理、安全监察依法行政的需要；二是预防和减少事故，保护人民群众生命和财产安全的需要；三是依法制裁安全生产违法犯罪的需要；四是建立和完善我国安全生产法律体系的需要。

2.《安全生产法》主要内容

《安全生产法》从提出立法建议到出台历经 21 年。该法总结了我国安全生产正反两方面的经验，体现了依法治国的基本方略。《安全生产法》具体内容共有七章九十七条。第一章为总则，第二章为生产经营单位的安全生产保障，第三章为从业人员的权利和义务，第四章为安全生产的监督管理，第五章为生产安全事故的应急救援与调查处理，第六章为法律责任，第七章为附则。

（1）基本原则。

① 生产经营单位的从业人员有依法获得安全生产保障的权利，并应当依法履行安全生产方面的义务。生产经营单位必须执行依法制定的保障安全生产的国家或者行业标准。

② 国家实行生产安全事故责任追究制度，依照《安全生

法》和有关法律、法规的规定，追究生产安全事故责任人员的法律责任。国家对在改善安全生产条件、防止生产安全事故、参加抢险救护等方面取得显著成绩的单位和个人，给予奖励。

（2）安全生产保障。

① 生产经营单位应当对从业人员进行安全生产教育和培训，保证从业人员具备必要的安全生产知识，熟悉有关的安全生产规章制度和安全操作规程，掌握本岗位的安全操作技能。未经安全生产教育和培训合格的从业人员，不得上岗作业。

② 生产经营单位的特种作业人员必须按照国家有关规定经专门的安全作业培训，取得特种作业操作资格证书，方可上岗作业。

③ 生产经营单位进行爆破、吊装等危险作业，应当安排专门人员进行现场安全管理，确保操作规程的遵守和安全措施的落实。

④ 生产经营单位应当教育和督促从业人员严格执行本单位的安全生产规章制度和安全操作规程；并向从业人员如实告知作业场所和工作岗位存在的危险因素、防范措施以及事故应急措施。

⑤ 生产经营单位必须为从业人员提供符合国家标准或者行业标准的劳动防护用品，并监督、教育从业人员按照使用规则佩戴、使用。

⑥ 生产经营单位应当安排用于配备劳动防护用品、进行安全生产培训的经费。

⑦ 生产经营单位必须依法参加工伤社会保险，为从业人员缴纳保险费。

（3）从业人员的权利和义务。

（4）安全生产的监督管理。

① 任何单位或者个人对事故隐患或者安全生产违法行为，均有权向负有安全生产监督管理职责的部门报告或者举报。

② 县级以上各级人民政府及其有关部门对报告重大事故隐患或者举报安全生产违法行为的有功人员，给予奖励。

（5）事故救援与调查处理。

①生产经营单位发生生产安全事故后，事故现场有关人员应当立即报告本单位负责人，不得隐瞒不报、谎报或者拖延不报，不得故意破坏现场、毁灭有关证据。

②任何单位和个人都应当支持、配合事故抢救，并提供一切便利条件。

③任何单位和个人不得阻挠和干涉对事故的依法调查处理。

（6）法律责任。

①生产经营单位与从业人员订立协议，免除或者减轻其对从业人员因生产安全事故伤亡依法应承担的责任的，该协议无效；对生产经营单位的主要负责人、个人经营的投资人处二万元以上十万元以下的罚款。

②生产经营单位的从业人员不服从管理，违反安全生产规章制度或者操作规程的，由生产经营单位给予批评教育，依照有关规章制度给予处分；造成重大事故，构成犯罪的，依照刑法有关规定追究刑事责任。

③生产经营单位发生生产安全事故造成人员伤亡，他人财产损失的，应当依法承担赔偿责任；拒不承担或者其负责人逃匿的，由人民法院依法强制执行。

（二）矿山安全法

1.《矿山安全法》立法目的及指导思想

《矿山安全法》于 1992 年 11 月 7 日由第七届全国人民代表大会常务委员会第 28 次会议通过，自 1993 年 5 月 1 日起施行。该法的立法过程从 1987 年 3 月到 1992 年 11 月共花了 5 年多的时间，是新中国成立以来的第一部矿山安全法。其立法目的是：防止矿山事故，保护矿山职工的人身安全，促进采矿工业健康发展，健全矿山法制。其指导思想是：坚持保护矿工生命安全的宗旨，从实际出发，强化矿山安全的监督和管理，将劳动部门监督与矿山企业主管部门的管理结合起来，将国家监督和群众监督结合起来，建立健全各级生产和管理人员的安全生产责任制。

2.《矿山安全法》主要内容

该法共八章五十条。第一章为总则，第二章为矿山建设的安全保障，第三章为矿山开采的安全保障，第四章为矿山企业的安全管理，第五章为矿山安全的监督和管理，第六章为矿山事故处理，第七章为法律责任，第八章为附则。

《矿山安全法》主要内容包括：矿山建设工程的安全设施必须和主体工程同时设计、同时施工、同时投入生产和使用；露天矿的边坡角和台阶的宽度、高度必须符合矿山安全规程和行业技术规范；矿山企业必须建立、健全安全生产责任制；矿山企业职工有权对危害安全的行为，提出批评、检举和控告；矿山企业必须对职工进行安全教育、培训，未经安全教育、培训的，不得上岗作业；矿山企业安全生产的特种作业人员必须接受专门培训，经考核合格取得操作资格证书的，方可上岗作业；矿山企业必须向职工发放保障安全生产所需的劳动防护用品；矿山企业主管人员违章指挥、强令工人冒险作业，因而发生重大伤亡事故的，和对矿山事故隐患不采取措施，因而发生重大伤亡事故的，依照刑法规定追究刑事责任等。

（三）煤炭法

《煤炭法》于 1996 年 8 月 29 日通过。根据 2009 年 8 月 27 日和 2011 年 4 月 22 日两次修正，胡锦涛以中华人民共和国主席令（第四十五号）于 2011 年 4 月 22 日通过，予以公布，自 2011 年 7 月 1 日起施行。2013 年 6 月 29 日，第十二届全国人民代表大会常务委员会第三次会议决定，对《中华人民共和国煤炭法》作出修改。

《煤炭法》内容包括：总则、煤炭生产开发规划与煤矿建设、煤炭生产与煤矿安全、煤炭经营、煤矿矿区保护、监督检查、法律责任和附则。

1. 总则

（1）为了合理开发利用和保护煤炭资源，规范煤炭生产、经营活动，促进和保障煤炭行业的发展，制定本法。

（2）煤矿企业必须坚持安全第一、预防为主的安全生产方针，建立健全安全生产的责任制度和群防群治制度。

（3）各级人民政府及其有关部门和煤矿企业必须采取措施加强劳动保护，保障煤矿职工的安全和健康。国家对煤矿井下作业的职工采取特殊保护措施。

2. 煤矿安全

(1) 煤矿投入生产前，煤矿企业应当依照本法规定向煤炭管理部门申请领取煤炭生产许可证，由煤炭管理部门对其实际生产条件和安全条件进行审查，符合本法规定条件的，发给煤炭生产许可证。未取得煤炭生产许可证的，不得从事煤炭生产。

(2) 取得煤炭生产许可证，应当具备下列条件：

① 有依法取得的采矿许可证；

② 矿井生产系统符合国家规定的煤矿安全规程；

③ 矿长经依法培训合格，取得矿长资格证书；

④ 特种作业人员经依法培训合格，取得操作资格证书；

⑤ 井上、井下、矿内、矿外调度通讯畅通；

⑥ 有实测的井上、井下工程对照图、采掘工程平面图、通风系统图；

⑦ 有竣工验收合格的保障煤矿生产安全的设施和环境保护设施；

⑧ 法律、行政法规规定的其他条件。

(3) 煤炭生产应当依法在批准的开采范围内进行，不得超越批准的开采范围越界、越层开采。采矿作业不得擅自开采保安煤柱，不得采用可能危及相邻煤矿生产安全的决水、爆破、贯通巷道等危险方法。

(4) 因开采煤炭压占土地或者造成地表土地塌陷、挖损，由采矿者负责进行复垦，恢复到可供利用的状态；造成他人损失的，应当依法给予补偿。

(5) 关闭煤矿和报废矿井，应当依照有关法律、法规和国务院煤炭管理部门的规定办理。

(6) 县级以上各级人民政府及其煤炭管理部门和其他有关部门，应当加强对煤矿安全生产工作的监督管理。

(7) 煤矿企业的安全生产管理，实行矿务局长、矿长负责制。

(8) 矿务局长、矿长及煤矿企业的其他主要负责人必须遵守有关矿山安全的法律、法规和煤炭行业安全规章、规程，加强对煤矿安全生产工作的管理，执行安全生产责任制度，采取有效措施，防止伤亡和其他安全生产事故的发生。

（9）煤矿企业应当对职工进行安全生产教育、培训；未经安全生产教育、培训的，不得上岗作业。煤矿企业职工必须遵守有关安全生产的法律、法规、煤炭行业规章、规程和企业规章制度。

（10）在煤矿井下作业中，出现危及职工生命安全并无法排除的紧急情况时，作业现场负责人或者安全管理人员应当立即组织职工撤离危险现场，并及时报告有关方面负责人。

（11）煤矿企业工会发现企业行政方面违章指挥、强令职工冒险作业或者生产过程中发现明显重大事故隐患，可能危及职工生命安全的情况，有权提出解决问题的建议，煤矿企业行政方面必须及时作出处理决定。企业行政方面拒不处理的，工会有权提出批评、检举和控告。

（12）煤矿企业必须为职工提供保障安全生产所需的劳动保护用品。

（13）煤矿企业应当依法为职工参加工伤保险缴纳工伤保险费。鼓励企业为井下作业职工办理意外伤害保险，支付保险费。

（14）煤矿企业使用的设备、器材、火工产品和安全仪器，必须符合国家标准或者行业标准。

3. 煤矿矿区保护

任何单位或者个人需要在煤矿采区范围内进行可能危及煤矿安全的作业时，应当经煤矿企业同意，报煤炭管理部门批准，并采取安全措施后，方可进行作业。

在煤矿矿区范围内需要建设公用工程或者其他工程的，有关单位应当事先与煤矿企业协商并达成协议后，方可施工。

4. 监督检查

煤炭管理部门和有关部门依法对煤矿企业和煤炭经营企业执行煤炭法律、法规的情况进行监督检查。

5. 法律责任

（1）违反本法第二十二条的规定，未取得煤炭生产许可证，擅自从事煤炭生产的，由煤炭管理部门责令停止生产，没收违法所得，可以并处违法所得一倍以上五倍以下的罚款；拒不停止生产的，由县级以上地方人民政府强制停产。

（2）违反本法第三十一条的规定，擅自开采保安煤柱或者采用危及相邻煤矿生产安全的危险方法进行采矿作业的，由劳动行政主管部门会同煤炭管理部门责令停止作业；由煤炭管理部门没收违法所得，并处违法所得一倍以上五倍以下的罚款，吊销其煤炭生产许可证；构成犯罪的，由司法机关依法追究刑事责任；造成损失的，依法承担赔偿责任。

（3）违反本法第六十条的规定，未经煤矿企业同意，在煤矿企业依法取得土地使用权的有效期间内在该土地上修建建筑物、构筑物的，由当地人民政府动员拆除；拒不拆除的，责令拆除。

（4）违反本法第六十二条的规定，未经批准或者未采取安全措施，在煤矿采区范围内进行危及煤矿安全作业的，由煤炭管理部门责令停止作业，可以并处五万元以下的罚款；造成损失的，依法承担赔偿责任。

（5）煤矿企业的管理人员违章指挥、强令职工冒险作业，发生重大伤亡事故的，依照刑法有关规定追究刑事责任。

（6）煤矿企业的管理人员对煤矿事故隐患不采取措施予以消除，发生重大伤亡事故的，依照刑法有关规定追究刑事责任。

（7）煤炭管理部门和有关部门的工作人员玩忽职守、徇私舞弊、滥用职权的，依法给予行政处分；构成犯罪的，由司法机关依法追究刑事责任。

（四）煤矿安全监察条例

1.《煤矿安全监察条例》立法目的和意义

《煤矿安全监察条例》于2000年11月1日由国务院第32次常务会议审议通过，于2000年11月7日以国务院第296号令公布，自2000年12月1日起施行。其立法目的是：保障煤矿安全、规范煤矿安全监察工作，保护煤矿职工人身安全和健康，促进煤矿健康发展。

2.《煤矿安全监察条例》主要内容

《煤矿安全监察条例》共有五章五十条。其内容包括：总则、煤矿安全监察机构及其职责、煤矿安全监察内容、罚责、附则。《煤矿安全监察条例》内容丰富，涉及面广，但其核心内容是确立了煤矿安全监察法律制度。煤矿安全监察法律制度主要有七项：

（1）煤矿安全监察员管理制度。

（2）煤矿建设工程安全设施设计审查和验收制度。

（3）煤矿安全生产监督检查制度。

（4）煤矿事故报告与调查处理制度。

（5）煤矿安全监察信息与档案管理制度。

（6）煤矿安全监察监督约束制度。

（7）煤矿安全监察行政处罚制度。

（五）煤矿安全规程

1.《煤矿安全规程》制定的目的及意义

《煤矿安全规程》作为一部行业技术规章，是党和国家"安全第一，预防为主，综合治理"安全生产方针的具体体现，有权威、科学、实用、全面和可操作性的特点；是煤矿安全法规体系中的一部最重要的安全技术法规；是煤矿必须遵守的法定规程，具有不容置疑的法律地位。其制定目的是：保障煤矿安全生产和职工人身安全，防止煤矿事故。其意义是：规范煤矿工作，加强管理和监察执法，遏制重、特大事故，保护职工安全和健康，保证和促进我国煤炭工业健康发展和煤矿安全状况稳定好转，为国家步入小康社会做出应有贡献。

2.《煤矿安全规程》的主要内容

《煤矿安全规程》共有四编七百五十一条。第一编为总则，规定煤矿企业必须遵守国家有关安全生产的法律、法规、规章、规程、标准和技术规范，建立、健全各类人员安全生产责任制，明确职工有权停止违章作业、拒绝违章指挥；第二编为井工部分，规定开采、"一通三防"管理，电气管理，以及煤破作业涉及的安全生产行为标准；第三编为露天部分，规范采剥、运输、排土、滑坡和水火防治、电气及设备检修标准；第四编为职业危害，规定必须做好职业危害的防治与管理工作和职业卫生劳动保护工作，使职工健康得到保护。

《煤矿安全规程》是我国煤矿安全管理方面最全面、最具体、最权威的一部基本规程，是国家有关法律和法规的具体化。

（六）国务院关于预防煤矿生产安全事故的特别规定

1.《国务院关于预防煤矿生产安全事故的特别规定》制定的目的和指导思想

《国务院关于预防煤矿生产安全事故的特别规定》于 2005 年 8 月 31 日由国务院第 104 次常务会议通过，2005 年 9 月 3 日以国务院第 446 号令公布，自公布之日起施行。其目的是：把预防煤矿生产安全事故进一步纳入法制化轨道，及时发现并排除煤矿安全生产隐患，落实煤矿安全生产责任，预防煤矿生产安全事故发生，保障职工的生命安全和煤矿安全生产。此规定的制定，主要遵循的指导思想：一是采取综合措施，建立预防煤矿生产安全事故的长效机制；二是强化源头监管，突出对煤矿生产安全事故的预防；三是抓住关键环节，落实安全生产责任。四是严肃惩处煤矿安全生产领域的腐败行为。

2.《国务院关于预防煤矿生产安全事故的特别规定》的主要内容

《国务院关于预防煤矿生产安全事故的特别规定》共二十八条。它在分析总结近年来发生的煤矿生产安全事故教训的基础上，明确规定了最容易引发煤矿生产安全事故的十五项重大隐患：如超能力、超强度或者超定员组织生产；瓦斯超限作业；通风系统不完善不可靠等。同时规定，煤矿凡存在这些重大安全生产隐患之一的，就必须立即停止生产，排除隐患。针对目前煤矿安全生产形势依然严峻的现状，《国务院关于预防煤矿生产安全事故的特别规定》有针对性地制定了六项制度和措施：一是关闭现有科学技术条件下难以有效防止重大安全生产隐患的煤矿；二是安全生产教育和培训制度；三是媒体公告；四是防止腐败制度；五是带班下井制度；六是免费为每位职工发放煤矿职工安全手册。

（七）关于进一步加强安全培训工作的决定

1. 颁发《关于进一步加强安全培训工作的决定》的目的和意义

为提高企业从业人员安全素质和安全监管监察效能，防止和减少违章指挥、违规作业和违反劳动纪律行为，进一步发挥安全培训在安全生产中的支撑作用，推动安全培训事业的科学发展、创新发展，实现安全培训的规范化和科学化，切实提高安全培训的质量和水平，促进全国安全生产形势持续稳定好转，2012年11月21日国务院安委会以安委〔2012〕10号文颁发了《关于进一步加强安全培训工作的决定》。

2. 加强安全培训工作的重要意义和总体要求

（1）重要意义。

进一步加强安全培训工作，是落实党的十八大精神，深入贯彻科学发展观，实施安全发展战略的内在要求；是强化企业安全生产基础建设，提高企业安全管理水平和从业人员安全素质，提升安全监管监察效能的重要途径；是防止"三违"行为，不断降低事故总量，遏制重特大事故发生的源头性、根本性举措。

（2）总体思路。

牢固树立"培训不到位是重大安全隐患"的意识，坚持依法培训、按需施教的工作理念，以落实持证上岗和先培训后上岗制度为核心，以落实企业安全培训主体责任、提高企业安全培训质量为着力点，全面加强安全培训基础建设，严格安全培训监察执法和责任追究，扎实推进安全培训内容规范化、方式多样化、管理信息化、方法现代化和监督日常化，努力实施全覆盖、多手段、高质量的安全培训。

（3）工作目标。

到"十二五"时期末，"三项岗位"人员（矿山、建筑施工单位和危险物品生产、经营、储存等高危行业企业主要负责人、安全管理人员和生产经营单位特种作业人员）100%持证上岗，以班组长、新工人、农民工为重点的企业从业人员100%培训合格后上岗，各级安全监管监察人员100%持行政执法证上岗，承担安全培训的教师100%参加知识更新培训，安全培训基础保障能力和安全培训质量得到明显提高。

3. 全面落实安全培训工作责任

（1）认真落实企业安全培训主体责任。

（2）切实履行政府及有关部门安全培训监管和安全监管监察人员培训职责。

（3）强化承担安全培训和考试的机构培训质量保障责任。

4. 全面落实持证上岗和先培训后上岗制度

（1）实施高危企业从业人员准入制度。

矿山和危险物品生产企业专职安全管理人员要至少具备相关专业中专以上学历或者中级以上专业技术职称、高级工以上技能等级，或者具备注册安全工程师资格。各类特种作业人员要具有初中及以上文化程度。矿山井下、危险化学品生产单位从业人员要具有初中及以上文化程度。

（2）严格落实"三项岗位"人员持证上岗制度。

企业新任用或者招录"三项岗位"人员，要组织其参加安全培训，经考试合格持证后上岗。取得注册安全工程师资格证并经注册的，可以直接申领矿山、危险物品行业主要负责人和安全管理人员安全资格证。对发生人员死亡事故负有责任的企业主要负责人、实际控制人和安全管理人员，要重新参加安全培训考试。

（3）严格落实企业职工先培训后上岗制度。

矿山、危险物品等高危企业要对新职工进行至少72学时的安全培训，每年进行至少20学时的再培训；企业调整职工岗位或者采用新工艺、新技术、新设备、新材料的，要进行专门的安全培训。矿山和危险物品生产企业逐步实现从职业院校和技工院校相关专业毕业生中录用新职工。

（4）完善和落实师傅带徒弟制度。

高危企业新职工安全培训合格后，要在经验丰富的工人师傅带领下，实习至少2个月后方可独立上岗。工人师傅一般应当具备中级工以上技能等级，3年以上相应工作经历，成绩突出，善于"传、帮、带"，没有发生过"三违"行为等条件。要组织签订师徒协议，建立师傅带徒弟激励约束机制。

（5）严格落实安全监管监察人员持证上岗和继续教育制度。

市（地）及以下政府分管安全生产工作的领导同志要在明确分工后半年内参加专题安全培训。各级安全监管监察人员要经执法资格培训考试合格，持有效行政执法证上岗；新上岗人员要在上岗一年内参加执法资格培训考试。

5. 全面加强安全培训基础保障能力建设

（1）完善安全培训大纲和教材。

有关主管部门要定期制定、修订各类人员安全培训大纲和考核标准。鼓励行业组织、企业及培训机构编写针对性、实效性强的实用教材。要分行业组织编写企业职工安全生产应知应会读本、建立生产安全事故案例库和制作警示教育片。

（2）加强安全培训师资队伍建设。

要建立健全安全培训专职教师考核合格后上岗制度，保证专职教师定期参加继续教育。有关主管部门要加强承担安全培训的教师培训，定期开展教师讲课大赛，建立安全培训师资库。企业要建立领导干部上讲台制度，选聘一线安全管理、技术人员担任兼职教师。

（3）加强安全培训机构建设。

科学规划安全培训机构建设，控制数量，合理布局。支持大中型企业和欠发达地区建立安全培训机构，重点建设一批具有仿真、体感、实操特色的示范培训机构。支持高等学校、职业院校、技工院校、工会培训机构等开展安全培训。

（4）加强远程安全培训。

开发国家安全培训网和有关行业网络学习平台，实现优质资源共享。建立安全培训视频课程征集、遴选、审核制度，建设课程"超市"，推行自主选学。实行网络培训学时学分制，将学时和学分结果与继续教育、再培训挂钩，与安全监管监察人员年度考核、提拔使用、评先评优挂钩。利用视频、电视、手机等拓展远程培训形式。

（5）加强安全培训管理信息化建设。

编制安全培训信息管理数据标准。健全"三项岗位"人员、安全监管监察人员培训持证情况和考试题库、培训机构、考试机构、培训教师等数据库，实现全国安全培训数据共享。

6. 全面提高安全培训质量

（1）强化实际操作培训。

制定特种作业人员实训大纲和考试标准。建立安全监管监察人员实训制度。提高 3D、4D、虚拟现实等技术在安全培训中的应用，组织开发特种作业各工种仿真实训系统。

（2）强化现场安全培训。

高危企业要严格班前安全培训制度，有针对性地讲述岗位安全生产与应急救援知识、安全隐患和注意事项等，使班前安全培训成为安全生产第一道防线。要大力推广"手指口述"等安全确认法，帮助员工通过心想、眼看、手指、口述，确保按规程作业。要加强班组长培训，提高班组长现场安全管理水平和现场安全风险管控能力。

（3）建立安全培训示范视频课程体系。

分行业建立"三项岗位"人员安全培训示范视频课程体系，上网发布，逐步实现优质培训资源社会共享。将示范课程作为教师培训的重要内容。建立示范课程跟踪评价制度，定期评选优质课程，给予荣誉称号或者适当资助。

（4）加强安全培训过程管理和质量评估。

建立安全培训需求调研、培训策划、培训计划备案、教学管理、培训效果评估等制度，加强安全培训全过程管理。制定安全培训质量评估指标体系，定期向全社会公布评估结果，并将评估结果作为安全培训机构考评的重要依据。

（5）完善安全培训考试体系。

有关主管部门要按照职责分工，建立健全本行业领域安全培训考试制度，加强考试机构建设，严格教考分离制度。要建立健全安全资格考试题库，完善国家与地方相结合的题库应用机制。建立网络考试平台，加快计算机考试点建设，开发实际操作模拟考试系统。加强考试监督，严格考试纪律。

7. 加强安全培训监督检查

（1）加大安全培训执法力度。

有关主管部门要把安全培训纳入年度执法计划，作为日常执法的必查内容，定期开展安全培训专项执法。

（2）严肃追究安全培训责任。

对应持证未持证或者未经培训就上岗的人员，一律先离岗、培训持证后再上岗，并依法对企业按规定上限处罚，直至停产整顿和关闭。对存在不按大纲教学、不按题库考试、教考不分、乱办班等行为的安全培训和考试机构，一律依法严肃处罚。对各类生产安全责任事故，一律倒查培训、考试、发证不到位的责任。对因未培训、假培训或者未持证上岗人员的直接责任引发重特大事故的，所在企业主要负责人依法终身不得担任本行业企业矿长（厂长、经理），实际控制人依法承担相应责任。

（3）建立安全培训绩效考核制度。

制定安全培训工作绩效考核指标体系，做到定性与定量、内部考核与外部评议相结合。安全培训绩效考核结果要纳入安全生产综合考核内容。每年通报安全培训绩效考核结果。

8. 切实加强对安全培训工作的组织领导

（1）把安全培训摆上更加突出位置。

各级政府及有关主管部门、各企业要把安全培训工作纳入实施安全发展战略的总体布局。要支持工会、共青团、妇联、科协以及新闻媒体等参与、监督安全培训工作。

（2）保证安全培训投入。

建立以企业投入为主、社会资金积极资助的安全培训投入机制。企业要在职工培训经费和安全费用中足额列支安全培训经费，实施技术改造和项目引进时要专门安排安全培训资金。研究探索由开展安全生产责任险、建筑意外伤害险的保险机构安排一定资金，用于事故预防与安全培训工作。

（3）充分运用典型和媒体推动安全培训工作。

要总结推广政府有关主管部门加大安全培训监管力度、企业落实安全培训主体责任、培训机构提高安全培训质量的典型经验，以点带面推动工作。

（八）《煤矿矿长保护矿工生命安全七条规定》

《煤矿矿长保护矿工生命安全七条规定》在 2013 年 1 月 15 日国家安全生产监督管理总局局长办公会议审议通过，以国家安全生产监督管理总局第 58 号令公布，自 2013 年 1 月 24 日起施行。

第四节　从业人员的权利和义务

一、从业人员的安全生产权利

党和国家历来重视生产经营单位从业人员的安全生产权利。保障从业人员的安全生产权利是宪法精神所要求，是生产经营单位的法定义务和责任，也是安全生产立法的重要内容。以人为本，重视和保护从业人员的生命权，是贯穿《安全生产法》的主线。从业人员既是各类生产经营活动的直接承担者，又是安全生产事故的受害者。只有高度重视和充分发挥从业人员在生产经营活动中的主观能动性，充分保护他们的人身权利，才能调动他们的积极性，实现安全生产。

《安全生产法》第六条规定：生产经营单位的从业人员有依法获得安全生产保障的权利，并应当依法履行安全生产方面的义务。法律赋予从业人员有关安全生产和人身安全和基本权利可以概括为以下七项。

(1) 享有工伤保险和伤亡的求偿权。

《安全生产法》第四十四条规定：生产经营单位与从业人员订立的劳动合同，应当载明有关保障从业人员劳动安全、防止职业危害的事项，以及依法为从业人员办理工伤社会保险的事项。生产经营单位不得以任何形式与从业人员订立协议，危险或者减轻其对从业人员因生产安全事故伤亡依法承担的责任。《安全生产法》第四十八条规定：因生产安全事故受到损害的从业人员，除依法享有工伤社会保险外，依照有关民事法律尚有获得赔偿的权利的，有权向本单位提出赔偿要求。

(2) 危险因素和应急措施的知情权。

《安全生产法》第四十五条规定：生产经营单位的从业人员有权了解其作业场所和工作岗位存在的危险因素、防范措施及事故应急措施。

(3) 安全管理的批评检控权。

《安全生产法》第四十六条规定：从业人员有权对本单位的

安全生产工作中存在的问题提出批评、检举、控告。

（4）拒绝违章指挥和强令冒险作业权。

《安全生产法》第四十六条规定：从业人员有权拒绝违章指挥和强令冒险作业。生产经营单位不得因从业人员对本单位安全生产工作提出批评、检举、控告或者拒绝违章指挥、强令冒险作业而降低其工资、福利等待遇或者解除与其订立的劳动合同。

（5）紧急情况下的停止作业和紧急撤离权。

《安全生产法》第四十七条规定：从业人员发现直接危及人身安全和紧急情况时，有权停止作业或者在采取可能的应急措施后撤离作业场所。生产经营单位不得因从业人员在前款紧急情况下停止作业或者采取紧急撤离措施而降低其工资、福利等待遇或者解除与其订立的劳动合同。

（6）获得安全生产教育和培训的权利。

《安全生产法》第二十一条规定：生产经营单位应当对从业人员进行安全生产教育和培训，保证从业人员具备必要的安全生产知识，熟悉有关的安全生产规章制度和安全操作规程，掌握本岗位的安全操作技能。未经安全生产教育和培训合格的从业人员，不得上岗作业。

二、从业人员的安全生产义务

作为法律关系内容的权利与义务是对等的，没有无义务的权利。从业人员依法享有权利，同时必须履行相应的法定义务，承担相应的法律责任。《安全生产法》关于从业人员的安全生产义务主要有以下四项：

（1）遵章守规，服从管理的义务。

从业人员违反规章制度和操作规程，是导致安全事故的主要原因之一。按照《安全生产法》第四十九条规定：从业人员在从业过程中，应当严格遵守本单位的安全生产规章制度和操作规程，服从管理。根据《安全生产法》和其他有关法律、法规和规章的规定，从业人员必须严格依照规章制度和操作规程作业。生产经营单位有权实施安全管理，从业人员必须服从。

（2）正确佩戴和使用劳动保护用品的义务。

生产经营单位必须为从业人员提供必要的、安全的劳动防护用品，避免或者减轻作业和事故中的人身伤害。但由于一些从业人员缺乏安全知识，往往不按规定佩戴和使用或者不能正确佩戴和使用劳动防护用品，由此引发事故。因此，正确佩戴和使用劳动防护用品是从业人员必须履行的法定义务，这是保障从业人员人身安全和生产经营单位安全生产的需要。

（3）接受安全培训，掌握安全生产技能的义务。

从业人员的安全生产意识和安全技能的高低，直接关系到生产经营活动的安全可靠性。要适应生产经营活动对安全生产技术知识和能力的需要，必须对新招聘、转岗的从业人员尤其是特种作业人员进行强制性的、专门的安全生产教育和安全培训。《安全生产法》第五十条规定：从业人员应当接受安全生产教育和培训，掌握本职工作所需的安全生产知识，提高安全生产技能，增强事故预防和应急处理能力。这对提高生产经营单位从业人员的安全意识、安全技能、预防、减少事故和人员伤亡，具有积极的意义。

（4）发现事故及时报告的义务。

许多生产安全事故是由于从业人员发现事故隐患和不安全因素后没有及时报告，以至延误了采取措施或者及时处理的时机。如果从业人员尽职尽责，及时发现并报告事故隐患和不安全因素，就能够避免事故发生或者降低事故损失。为此，《安全生产法》第五十一条规定：从业人员发现事故隐患或者其它不安全因素，应当立即向现场安全生产管理人员或者本单位负责人报告；接到报告的人员应当及时予以处理。这就要求从业人员具有高度的责任心，防微杜渐，预防事故发生。

三、涉及煤矿从业人员权利与义务的法律法规

（一）《劳动法》相关规定

第三条　劳动者享有平等就业和选择职业的权利、取得劳动报酬的权利、休息休假的权利、获得劳动安全卫生保护的权利、接受职业技能培训的权利、享受社会保险和福利的权利、提请劳动争议处理的权利以及法律规定的其他劳动权利。

劳动者应当完成劳动任务，提高职业技能，执行劳动安全卫生规程，遵守劳动纪律和职业道德。

第十三条　妇女享有与男子平等的就业权利。在录用职工时，除国家规定的不适合妇女的工种或者岗位外，不得以性别为由拒绝录用妇女或者提高对妇女的录用标准。

第十五条　禁止用人单位招用未满十六周岁的未成年人。

第五十五条　从事特种作业的劳动者必须经过专门培训并取得特种作业资格。

第五十六条　劳动者在劳动过程中必须严格遵守安全操作规程。

劳动者对用人单位管理人员违章指挥、强令冒险作业，有权拒绝执行；对危害生命安全和身体健康的行为，有权提出批评、检举和控告。

第一百零二条　劳动者违反本法规定的条件解除劳动合同或者违反劳动合同中约定的保密事项，对用人单位造成经济损失的，应当依法承担赔偿责任。

（二）《职业病防治法》相关规定

第七条　用人单位必须依法参加工伤社会保险。

国务院和县级以上地方人民政府劳动保障行政部门应当加强对工伤保险的监督管理，确保劳动者依法享受工伤社会保险待遇。

第十五条　产生职业病危害的用人单位的设立除应当符合法律、行政法规规定的设立条件外，其工作场所还应当符合下列职业卫生要求：

（1）职业病危害因素的强度或者浓度符合国家职业卫生标准；

（2）有与职业病危害防护相适应的设施；

（3）生产布局合理，符合有害与无害作业分开的原则；

（4）有配套的更衣间、洗浴间、孕妇休息间等卫生设施；

（5）设备、工具、用具等设施符合保护劳动者生理、心理健康的要求；

（6）法律、行政法规和国务院卫生行政部门、安全生产监督管理部门关于保护劳动者健康的其他要求。

第三十四条　用人单位与劳动者订立劳动合同（含聘用合同，下同）时，应当将工作过程中可能产生的职业病危害及其后果、职业病防护措施和待遇等如实告知劳动者，并在劳动合同中写明，不得隐瞒或者欺骗。

劳动者在已订立劳动合同期间因工作岗位或者工作内容变更，从事与所订立劳动合同中未告知的存在职业病危害的作业时，用人单位应当依照前款规定，向劳动者履行如实告知的义务，并协商变更原劳动合同相关条款。

用人单位违反前两款规定的，劳动者有权拒绝从事存在职业病危害的作业，用人单位不得因此解除与劳动者所订立的劳动合同。

第三十五条　用人单位的主要负责人和职业卫生管理人员应当接受职业卫生培训，遵守职业病防治法律、法规，依法组织本单位的职业病防治工作。

用人单位应当对劳动者进行上岗前的职业卫生培训和在岗期间的定期职业卫生培训，普及职业卫生知识，督促劳动者遵守职业病防治法律、法规、规章和操作规程，指导劳动者正确使用职业病防护设备和个人使用的职业病防护用品。

劳动者应当学习和掌握相关的职业卫生知识，增强职业病防范意识，遵守职业病防治法律、法规、规章和操作规程，正确使用、维护职业病防护设备和个人使用的职业病防护用品，发现职业病危害事故隐患应当及时报告。

劳动者不履行前款规定义务的，用人单位应当对其进行教育。

第三十六条　对从事接触职业病危害的作业的劳动者，用人单位应当按照国务院安全生产监督管理部门、卫生行政部门的规定组织上岗前、在岗期间和离岗时的职业健康检查，并将检查结果书面告知劳动者。职业健康检查费用由用人单位承担。

用人单位不得安排未经上岗前职业健康检查的劳动者从事接触职业病危害的作业；不得安排有职业禁忌的劳动者从事其所禁忌的作业；对在职业健康检查中发现有与所从事的职业相关的健

康损害的劳动者，应当调离原工作岗位，并妥善安置；对未进行离岗前职业健康检查的劳动者不得解除或者终止与其订立的劳动合同。

职业健康检查应当由省级以上人民政府卫生行政部门批准的医疗卫生机构承担。

第三十七条　用人单位应当为劳动者建立职业健康监护档案，并按照规定的期限妥善保存。

职业健康监护档案应当包括劳动者的职业史、职业病危害接触史、职业健康检查结果和职业病诊疗等有关个人健康资料。

劳动者离开用人单位时，有权索取本人职业健康监护档案复印件，用人单位应当如实、元偿提供，并在所提供的复印件上签章。

第三十八条　发生或者可能发生急性职业病危害事故时，用人单位应当立即采取应急救援和控制措施，并及时报告所在地安全生产监督管理部门和有关部门。安全生产监督管理部门接到报告后，应当及时会同有关部门组织调查处理；必要时，可以采取临时控制措施。卫生行政部门应当组织做好医疗救治工作。

对遭受或者可能遭受急性职业病危害的劳动者，用人单位应当及时组织救治、进行健康检查和医学观察，所需费用由用人单位承担。

第五十七条　用人单位应当保障职业病病人依法享受国家规定的职业病待遇。

用人单位应当按照国家有关规定，安排职业病病人进行治疗、康复和定期检查。

用人单位对不适宜继续从事原工作的职业病病人，应当调离原岗位，并妥善安置。

用人单位对从事接触职业病危害的作业的劳动者，应当给予适当岗位津贴。

第五十八条　职业病病人的诊疗、康复费用，伤残以及丧失劳动能力的职业病病人的社会保障，按照国家有关工伤保险的规定执行。

第五十九条　职业病病人除依法享有工伤保险外，依照有关属事法律，尚有获得赔偿的权利的，有权向用人单位提出赔偿要求。

第六十条　劳动者被诊断患有职业病，但用人单位没有依法参加工伤保险，其医疗和生活保障由该用人单位承担。

第六十一条　职业病病人变动工作单位，其依法享有的待遇不变。

用人单位在发生分立、合并、解散、破产等情形时，应当对从事接触职业病危害的作业的劳动者进行健康检查，并按照国家有提规定妥善安置职业病病人。

（三）《煤矿作业场所职业危害防治规定（试行）》有关要求

煤矿企业主要负责人、管理人员应接受职业危害防治知识培训。

煤矿企业应对从业人员进行上岗前、在岗期间的职业危害防治知识培训，上岗前培训时间不少于4学时，在岗期间培训时间每年不少于2学时。

对接触职业危害的从业人员，煤矿企业应按照国家有关规定组织上岗前、在岗期间和离岗时的职业健康检查和医学随访，并将检查结果如实告知从业人员。职业健康检查费用由煤矿企业承担。

煤矿企业应为从业人员建立职业健康监护档案，并按照规定的期限妥善保存。从业人员离开煤矿企业时，有权索取本人职业健康监护档案复印件，煤矿企业应如实、无偿提供，并在所提供的复印件上签章。

（四）《工伤保险条例》相关规定

第二条　中华人民共和国境内的企业、事业单位、社会团体、民办非企业单位、基金会、律师事务所、会计师事务所等组织和有雇工的个体工商户（以下称用人单位）应当依照本条例规定参加工伤保险，为本单位全部职工或者雇工（以下称职工）缴纳工伤保险费。

中华人民共和国境内的企业、事业单位、社会团体、民办非企业单位、基金会、律师事务所、会计师事务所等组织的职工和个体工商户的雇工，均有依照本条例的规定享受工伤保险待遇的权利。

第四条　用人单位应当将参加工伤保险的有关情况在本单位内公示。

用人单位和职工应当遵守有关安全生产和职业病防治的法律法规，执行安全卫生规程和标准，预防工伤事故发生，避免和减少职业病危害。

职工发生工伤时，用人单位应当采取措施使工伤职工得到及时救治。

第十四条　职工有下列情形之一的，应当认定为工伤：

（1）在工作时间和工作场所内，因工作原因受到事故伤害的；

（2）工作时间前后在工作场所内，从事与工作有关的预备性或者收尾性工作受到事故伤害的；

（3）在工作时间和工作场所内，因履行工作职责受到暴力等意外伤害的；

（4）患职业病的；

（5）因工外出期间，由于工作原因受到伤害或者发生事故下落不明的；

（6）在上下班途中，受到非本人主要责任的交通事故或者城市轨道交通、客运轮渡、火车事故伤害的；

（7）法律、行政法规规定应当认定为工伤的其他情形。

第十五条　职工有下列情形之一的，视同工伤：

（1）在工作时间和工作岗位，突发疾病死亡或者在 48 小时这内经抢救无效死亡的；

（2）在抢险救灾等维护国家利益、公共利益活动中受到伤害的；

（3）职工原在军队服役，因战、因公负伤致残，已取得革命伤残军人证，到用人单位后旧伤复发的。

职工有前款第（1）项、第（2）项情形的，按照本条例的有关规定享受工伤保险待遇；职工有前款第（3）项情形的，按照本条例的有关规定享受除一次性伤残补助金以外的工伤保险待遇。

第十六条　职工符合本条例第十四条、第十五条的规定，但是有下列情形之一的，不得认定为工伤或者视同工伤：

（1）故意犯罪的；

（2）醉酒或者吸毒的：

（3）自残或者自杀的。

第十七条　职工发生事故伤害或者按照职业病防治法规定被诊断、鉴定为职业病，所在单位应当自事故伤害发生之日或者被诊断、鉴定为职业病之日起 30 日内，向统筹地区社会保险行政部门提出工伤认定申请。遇有特殊情况，经报社会保险行政部门阗意，申请时限可以适当延长。

用人单位未按前款规定提出工伤认定申请的，工伤职工或者其近亲属、工会组织在事故伤害发生之日或者被诊断、鉴定为职业病之日起 1 年内，可以直接向用人单位所在地统筹地区社会保险行政部门提出工伤认定申请。

按照本条第一款规定应当由省级社会保险行政部门进行工伤认定的事项，根据属地原则由用人单位所在地的设区的市级社会保险行政部门办理。

用人单位未在本条第一款规定的时限内提交工伤认定申请，在此期间发生符合本条例规定的工伤待遇等有关费用由该用人单位负担。

第三十条　职工因工作遭受事故伤害或者患职业病进行治疗，享受工伤医疗待遇。

职工治疗工伤应当在签订服务协议的医疗机构就医，情况紧急时可以先到就近的医疗机构急救。

治疗工伤所需费用符合工伤保险诊疗项目目录、工伤保险药品目录、工伤保险住院服务标准的，从工伤保险基金支付。工伤保险诊疗项目目录、工伤保险药品目录、工伤保险住院服务标准，由国务院社会保险行政部门会同国务院卫生行政部门、食品药品监督管理部门等部门规定。

职工住院治疗工伤的伙食补助费，以及经医疗机构出具证明，报经办机构同意，工伤职工到统筹地区以外就医所需的交通、食宿费用从工伤保险基金支付，基金支付的具体标准由统筹地区人民政府规定。

工伤职工治疗非工伤引发的疾病，不享受工伤医疗待遇，按照基本医疗保险办法处理。

工伤职工到签订服务协议的医疗机构进行工伤康复的费用，符合规定的，从工伤保险基金支付。

第三十三条 职工因工作遭受事故伤害或者患职业病需要暂停工作接受工伤医疗的，在停工留薪期内，原工资福利待遇不变，由所在单位按月支付。

停工留薪期一般不超过 12 个月。伤情严重或者情况特殊，经设区的市级劳动能力鉴定委员会确认，可以适当延长，但延长不得超过 12 个月。工伤职工评定伤残等级后，停发原待遇，按照本章的有关规定享受伤残待遇。工伤职工在停工留薪期满后仍需治疗的，继续享受工伤医疗待遇。

生活不能自理的工伤职工在停工留薪期需要护理的，由所在单位负责。

（五）《国务院关于进一步加强企业安全生产工作的通知》有关要求

提高工伤事故死亡职工一次性赔偿标准。从 2011 年 1 月 1 日起，依照《工伤保险条例》的规定，对因生产安全事故造成的职工死亡，其一次性工亡补助金标准调整为按全国上一年度城镇居民人均可支配收入的 20 倍计算，发放给工亡职工近亲属。同时，依法确保工亡职工一次性丧葬补助金、供养亲属抚恤金的发放。

第五节 煤矿安全制度

煤矿井下不利于安全因素较多，为了保证矿井安全和工人生命，必须建立严格的安全制度，制订严肃的劳动纪律，养成良好的职业道德。

一、煤矿安全生产管理制度

为了促进煤矿企业加强安全生产管理，建立自我约束、自我激励机制，根据《安全生产法》、《煤矿安全监察条例》、《煤矿安全规程》等法律法规，煤矿企业必须建立煤矿安全生产管理制度。

1. 安全生产责任制度

要按照岗位、职能、权利和责任相统一的愿则，明确各级负责人、职能机构和各岗位人员应承担的安全生产责任和义务；要将企业、部门或单位的全部安全生产责任逐项分解、逐级落实到各岗位和人员。

2. 安全办公会议制度

要明确安全办公会议的召开周期、内容、主持人和参加人员；安全办公会议必须由安全生产第一责任人主持；会议应当有完整的记录，载明议定的事项、决定以及落实的人员、措施和期限。会议记录、纪要应纳入档案管理。

3. 安全目标管理制度

煤矿企业应依据上级下达的安全指标，结合实际制定年度或阶段安全生产目标，并将指标逐级分解，明确责任、保证措施及考核和奖惩办法。

4. 安全投入保障制度

煤矿企业应按国家有关规定建立稳定的安全投入资金渠道，以保证新增、改善和更新安全系统、设备、设施，消除事故隐患，改善安全生产条件，安全生产宣传、教育、培训，安全奖励，推广应用先进安全技术措施和管理方法，抢险救灾等均有可靠的资金来源；安全投入应能充分保证安全生产的需要，安全投入资金要专款专用；煤矿企业应当编制年度安全技术措施计划，确定项目、落实资金、完成时间和责任人。

5. 安全质量标准化管理制度

煤炭企业要明确检查标准、检查周期、考核评级奖惩办法、组织检查的部门和人员。

6. 安全教育与培训制度

应保证煤矿企业职工掌握本职工作应具备的法律法规知识、安全知识、专业技术知识和操作技能；明确企业职工教育与培训的周期、内容、方式、标准和考核办法；明确相关部门安全教育与培训的职责和考核办法；明确年度安全生产教育与培训计划，确定任务，落实费用。

7. 事故隐患排查整改制度

应保证及时发现和消除矿井在通风、瓦斯、煤尘、火灾、顶板、机电、运输、爆破、水害等方面存在的隐患；明确事故隐患的识别、评估、报告、监控和治理标准；按照分级管理的原则，明确隐患整改的责任和义务。

8. 安全监督检查制度

应保证有专门的安全管理机构，配备足额的专职安全管理人员，有效地监督安全生产规章制度、规程、标准、规范等的执行情况；重点检查矿井"一通三防"的装备、管理情况；明确安全检查的周期、内容、检查标准、检查方式、负责组织检查的部门和人员、对检查结果的处理办法。对查出的问题和隐患应按"四定"原则（定项目、定人员、定措施、定时间）落实处理，并将结果进行通报及存档备案。

9. 安全技术审批制度

要确定各类工程设计、作业规程、安全措施和方案等安全技术审批的内容、程序、标准、时限、审批级别；审批人员级别和资格、编制；审核、审批人员的职责、权限和义务。安全技术审批应保证依据充分、正确，内容全面、具体，安全措施可靠，能够有效地指导生产施工、作业和操作。

10. 矿用设备、器材使用管理制度

应保证在用设备、器材符合相关标准，处于完好状态；明确矿用设备、器材使用前的检测标准、程序、方法和检验单位（人员的资质；明确设备、器材使用过程中的检验标准、周期、方法和校验单位、人员的资质；明确设备、器材维修、更新和报废的标准、程序和方法。

11. 矿井主要灾害预防管理制度

要明确可能导致重大事故的"一通三防"、防治水、冲击地压、职业危害等的主要危险，有针对性地分别制定专门制度，强化管理，加强监控，制定预防措施。

12. 煤矿事故应急救援制度

要制定事故应急救援预案，明确事故发生后的上报时限、上报部门、上报内容，应采取的应急救援措施等。

13. 安全奖罚制度

必须兼顾责任、权利、义务，规定明确，奖罚对应；明确奖罚的项目、标准和考核办法。

14. 入井检身和出入井人员清点制度

明确入井人员禁止带入井下的物品和检查方法；明确人员入井、升井登记、清点和统计、报告办法，保证准确掌握井下作业人数和人员名单，及时发现未能正常升井的人员并查明原因。

15. 安全操作规程管理制度

操作规程要涵盖从进入操作现场、操作准备到操作结束和离开操作现场全过程的各个操作环节。要分别制定各工种的岗位操作规程，明确各工种、岗位对操作人员的基本要求、操作程序和标准，明确违反操作程序和标准可能导致的危险和危害。

二、区队、班组安全生产规章制度

区队是企业组织职工进行安全生产的最基层单位。班组是企业的"细胞"。区队、班组长既是企业安全生产活动的参与者，又是区队、班组安全生产活动的组织者、管理者和指挥者。

制定区队、班组安全生产制度，其目的是为了更好地贯彻执行煤矿企业的安全生产管理制度，使区队、班组在安全管理上有制度可依，有规章可循；让区队、班组工人明确应当做什么、不应当做什么，从而使每个工人的行为受到制度的约束和规范，保证安全措施落实到实处，实现区队、班组安全生产。

（一）包生产必须包安全制度

（1）在经济承包合同或方案中，要有先进可行的安全指标。安全要作为具有否决权指标，安全指标完成的好坏要与区队、班组和个人的经济收入紧密挂钩。

（2）在经济承包合同或方案中，要有明确的安全保证措施，包括管理措施、技术措施，使安全指标的实现有可靠的保证。

（3）为切实执行该制度，区队、班组应有权拒绝接受任何方面无安全内容和措施的生产作业计划或临时生产任务；工人有权拒绝违章指挥，并制止违章作业；作业地点存在重大隐患，威胁人身安全时，工人有权撤离现场，并向区队、班组长汇报；区队、班组长应采取有力措施，整改隐患，以保证作业人员的生命安全。

（二）安全生产责任制度

1. 区队、班组长的安全生产责任制

（1）认真执行有关安全生产的规定，带头遵守安全操作规程，对本区队、班组工人在生产中的安全和健康负责。

（2）根据生产任务、作业环境和工人的思想状况，具体布置安全工作。对新工人进行现场安全教育，并指定专人负责其劳动安全。

（3）组织区队、班组工人学习有关安全规程、规定，并检查其执行情况。教育工人不得违章蛮干，发现违章作业时，立即进行劝止。

（4）经常检查生产中的不安全因素，发现问题及时解决。对暂不能根本解决的问题，要采取临时措施加以控制，并及时上报。

（5）认真执行现场交接班，做到交接内容明确。

（6）现场发生伤亡事故，要积极组织抢救并保护规场，要在一小时内及时上报，并详细记录。事故发生后要立即组织全体区队、班组工人进行认真分析，吸取教训，提出防范措施。

（7）对本区队、班组在安全工作中表现好的工人及时进行表扬，对"三违"现象提出批评，并在考核上加以经济奖罚。

2. 区队、班组劳动保护检查员安全岗位责任制

区队、班组要设立不脱产的劳动保护检查员。区队、班组劳动保护检查员的日常工作属区队、班组长管理，业务上直属煤矿安全部门指导，协助区队、班组长搞好安全工作。

（1）认真执行煤矿、区队、班组有关安全生产的规章制度，在班前、班中和班后都要仔细观察作业现场及其附近有无异常现象或不安全隐患，发现问题要立即进行处理。

（2）提醒、耐心说服、劝告阻止区队、班组长的违章指挥和

职工违章作业和违反劳动纪律行为。

（3）认真检查作业现场职业危害防治措施的落实情况；教育工人正确佩戴和使用个人劳动防护用品。

（4）及时将群众对安全工作的意见和合理化建议汇报到区队、班组长，把区队、班组长对安全工作的部署和要求及时传达落实到工人中。

（5）发现明显危及职工生命安全的紧急情况时应立即报告，并组织职工采取必要的避险措施。

3. 区队、班组工人的安全岗位责任制

（1）认真学习上级有关安全生产的指示、规定、作业规程和安全技术知识，熟悉并掌握安全生产技能。

（2）自觉执行安全生产各项规章制度和操作规程，遵守劳动纪律。

（3）有权制止任何人违章作业，有权拒绝区队、班组长的违章指挥。

（4）正确佩戴、使用和爱护个人劳动保护用品。

（5）积极参加安全生产活动，踊跃提出安全生产合理化建议。

（6）搞好本岗位的质量达标和文明生产。

4. 安全检查制度

（1）区队、班组安全检查的形式。

按参加检查的人员分：有自检、互检和专检。按检查内容分：有普遍性检查和专业性检查。按检查时间分：有班前、班中及班后的"三检制"、节日检查和季节性检查。

（2）区队、班组安全检查的内容。

① 工人的不安全行为。工人的不安全行为指的是工人的"三违"现象，它是区队、班组安全检查的重点。

② 作业现场的不安全隐患。检查顶板状况、支护完好程度和工程规格质量情况；检查现场及局部地点瓦斯和其他有害气体的超限情况；检查现场及附近透水、发火预兆和煤尘堆积情况。

③ 机电设备的不安全状态。检查机电设备和电缆完好和防爆情况；检查局部通风机运转状态；检查安全监测监控系统运行

状况。

5. 安全奖惩制度

（1）奖励。

对于在以下几方面做出突出成绩的职工应给予奖励：

① 认真执行操作规程和安全岗位责任制，长期实现安全生产的。

② 敢于制止违章作业、违章指挥和违反劳动纪律的现象，帮助后进工人取得明显进步的。

③ 排除重大事故隐患，避免恶性事故发生的；或者在抢险救灾中做出贡献的。

④ 在安全生产上有创新，能解决安全技术难题；或者提出有较大价值的合理化建议的。

⑤ 在安全生产竞赛中成绩优异的。

奖励的方式既可给予荣誉奖，又可给予物质奖。

（2）惩罚。

对于在以下几方面出现问题的职工应当给予惩罚：

① 不执行操作规程和规章制度造成事故的。

② 发现隐患既不报告，又不处理而造成事故的。

③ 发生事故隐瞒不报的。

④ 虽然没有造成事故，但却有严重"三违"现象的。

惩罚的方式：① 在区队、班组范围内批评教育、检讨和罚款；② 情节严重的可由上级给予行政处罚；③ 涉及违法犯罪的，可移交司法机关进行处理。

6. 安全联防互保制度

安全联防互保制度是人们做安全管理主人翁的具体体现，它有以下几种形式。

（1）自保。

自保，指的是工人与区队、班组签订安全责任状，保证本人安全作业，并承担一定责任。

（2）互保。

互保，指的是工人之间结成对子，签订安全互保合同，规定双方的权利和义务。

目前，互保的主要形式有：一是以作业小组为单位结成互保对子；二是党团员和先进人物与其他工人结成互保对子；三是班（组）长、劳动保护检查员和安全检查工与普通工人结成互保对子，或者老工人与新工人结成互保对子。

（3）联保。

联保，指的是作业有关联的多名工人组成联保小组。例如，瓦斯检查工、爆破工和班（组）长结成安全爆破联保小组；爆破工、掘进机司机和巷道支架工结成掘进顶板安全联保小组等。此外，还可以与职工家属签订联保公约，通过家属对职工做安全思想工作。

三、劳动纪律

劳动纪律既是保持正常生产、完成生产任务的需要，也是保证安全生产的需要。因此，职工在共同的劳动过程中，劳动纪律是保障安全生产所必须遵守的规则和秩序。

1. 劳动纪律的主要内容

（1）遵守劳动时间和本单位规定的作息制度，禁止迟到、早退，严格执行请假制度。

（2）服从分配和管理，坚守工作岗位，不得消极怠工和玩忽职守。

（3）努力工作，完成生产任务，保证工程规格质量，做到文明生产。

（4）在上班时间内，遵守生产秩序，不做与生产工作无关的事情，不东走西窜、嬉戏打闹、聚众赌博和打架斗殴等，不得在班中睡觉。

（5）严格遵守操作规程，不准违章指挥或作业，做到安全生产。

（6）爱护国家财产和公共财物。

2. "三违"的概念

"三违"指的是煤矿企业职工在生产建设中所发生或出现的违章指挥、违章作业和违反劳动纪律的行为和现象。

（1）违章指挥。

违章指挥指的是各级管理者和指挥者对下级职工发出违反安全生产规章制度以及煤矿"三大规程"的指令的行为。

违章指挥是管理者和指挥者的一种特定行为。班组长在班组生产活动中具有一定的指挥发号施令的权力，如果单纯追求生产进度、数量，置安全于脑后，凭老经验办事，忽视指挥的科学性原则，就可能发生违章指挥行为。

违章指挥是"三违"中危害最大的一种。管理者和指挥者的违章指挥行为往往会引导、促使职工的违章作业行为，而且使之具有连续性、外延性。

（2）违章作业。

违章作业指的是煤矿企业作业人员违反安全生产规章制度以及煤矿"三大规程"的规定，冒险蛮干进行作业和操作的行为。

违章作业是人为制造事故的行为，是造成煤矿各类灾害事故的主要原因之一。

违章作业是"三违"中数量最多的一种。违章作业主要发生在直接从事作业和操作的人员身上。

【案例】2006年3月30日11：35，辽宁省抚顺市新宾满族自治县马架子矿区四平煤矿救护队在探查中央风井时，检测周围的氧气及有害气体不准确，返回途中由于巷道内有害气体浓度大、温度高、坡度大，行走困难，部分队员违反规定，摘掉呼吸器的口具和鼻夹，造成有害气体（CO_2）中毒，从而导致发生一起重大瓦斯窒息事故，造成3人死亡、6人受伤。

（3）违反劳动纪律。

违反劳动纪律指的是煤矿企业从业人员违反企业制定的劳动纪律的现象和行为。

劳动纪律是指人们在共同的劳动中必须遵守的规则和秩序，是对不规范行为的约束。它是保持正常生产秩序，完成生产任务的需要，也是保障矿工安全的需要。为了保证煤矿安全生产的顺利实施，必须同违反劳动纪律的现象和行为作斗争。

3. 煤矿企业对违反矿规矿纪行为的处理

煤矿企业根据职工违反矿规矿纪行为的性质和后果，对职工进行处理。

（1）给予批评教育。

对于具有轻微违反矿规矿纪的行为、尚未造成严重后果的职工，应该进行适当的批评教育，使其能够认识并改正错误。批评教育的形式可以采取个别谈话、会上点名批评或不点名批评，责成其口头或书面检查等。

（2）给予行政处分。

对于违反矿规矿纪，造成了一定影响或不良后果，又尚不够刑事处分的职工，应该由本单位给予行政处分，使其能够认识到自己错误的性质和后果，从中吸取教训，以免重犯。行政处分包括警告、罚款、记过、记大过、降级、降职、撤职、开除留用察看和开除等。

（3）给予刑事处罚。

对于违反矿规矿纪行为造成严重后果且构成犯罪的职工，由司法机关给予刑事处罚。例如，在生产中违章指挥或违章作业，造成重大伤亡事故或者严重后果的，即构成犯罪。刑事处罚包括管制、拘役、有期徒刑、无期徒刑、死刑五种主刑和罚金、剥夺政治权利、没收财产三种附加刑。

第二章 煤矿安全生产基础知识

第一节 煤矿地质基本知识

一、煤的形成与含煤地层

1. 煤的形成

煤是古代植物遗体在不透空气或空气不足的情况下，受到地下高温和高压作用变质而形成的。植物形成煤大致经过了两个阶段，即泥炭化阶段和成岩与变质阶段。

2. 含煤地层

通常把在成因上有密切联系并含有煤层的一套沉积岩层叫做煤系，或含煤地层。

二、煤矿埋藏特征

1. 煤层的厚度

由于成煤环境和条件的不同以及地质的影响，煤层厚度差异很大，有的煤层只有几厘米厚，有的可达几十米或百余米。

煤层厚度，是确定开拓部署和选择采煤方法的主要因素之一。我国根据开采技术的特点，将煤层按厚度不同分成：

（1）薄煤层——小于 1.3 m 的煤层；

（2）中厚煤层——厚度在 1.3~3.5 m 的煤层；

（3）厚煤层——厚度大于 3.5 m 的煤层。

在生产工作中，习惯将厚度大于 6 m 的煤层称为特厚煤层。

从我国已探明的煤炭储量和已开采的煤层看，近水平煤层及薄煤层较少，而中厚煤层和厚煤层较普遍。

2. 煤层的顶、底板

煤层顶、底板是指煤系地层中位于煤层上下一定距离内的岩层。按照沉积顺序，先于煤生成的岩石是煤层底板，后生成的是煤层的顶板。在正常情况下，煤层顶板位于煤层之上，而煤层底板位于煤层之下。当地质构造破坏较剧烈时，煤层顶、底板有可能发生倒转。

根据顶底板岩层的相对于煤层的位置及开采过程中岩层变形、垮落的难易程度，顶板可分为伪顶、直接顶和基本顶（老顶）三种类型。

（1）伪顶——位于煤层之上随采随落的极不稳定岩层，其厚度一般在 0.5 m 以下，多为碳质页岩和泥质页岩等。

（2）直接顶——位于伪顶或直接位于煤层（无伪顶时）之上，具有一定的稳定性，移架或回柱后能自行垮落的岩层，由砂质岩等组成。

（3）基本顶——位于直接顶或煤层之上，其厚度及岩石强度较大，是坚硬又难以垮落的岩层。基本顶通常由粗砂岩，砾岩、石灰石等组成。在采煤过程中，直接顶是顶板管理的主要对象。

煤层底板可分为直接底和基本底。直接底位于煤层之下，厚度数十厘米至数米，多为泥岩，页岩或黏土岩。有的直接底遇水膨胀，容易发生底鼓现象，致使巷道遭到破坏。基本底位于直接底之下的较坚硬岩层，常为厚层状砂岩、砾岩或石灰岩。

3. 煤层的形态与结构

煤层是沉积生成的，一般呈层状，但由于受地壳运动的影响，有的煤层形状发生变化。煤层一般可分为三种类型：层状煤层，其层位有显著的连续性，厚度变化有一定的规律或厚度基本稳定；似层状煤层，其形状像藕节，串珠或瓜藤等，层位有一定的连续性，厚度变化较大；非层状煤层，形状像鸡窝或扁豆状，层为连续性差，常有大范围尖灭。我国西北、华北、东北等地区的主要矿区煤层多为层状煤层。江南各小型矿区和乡镇、个体所经营的小煤矿相当多的煤层是非层状煤层。层状煤层开采比较方便，而非层状煤层给开采带来一定难度。

煤层除在形态上有所不同以外，在结构上也有很大差别，在有的煤层中，有时含有厚度较薄且很不稳定的岩层，这类含在煤层内的岩层称作夹石或夹石（矸）层。根据煤层中有无稳定的夹石层，可将煤层分为两类，即简单结构煤层和复杂结构煤层。简单结构煤层一般不含夹石层；复杂结构煤层含夹石层少者1～2层，多者可达几层或十几层。由于夹石层的存在，不仅使煤的灰分增高，而且给开采带来一定的困难。

4. 煤层的产状要素

煤层原始生成时呈水平状态，但由于地壳运动的影响，煤层及岩层由水平状态变成为倾斜或弯曲状态。描述煤层的贮存状态和位置用产状要素来表示。煤层产状要素就是它的走向、倾向和倾角，如图2-1所示。这三个要素就能表示出煤层在空间的位置。

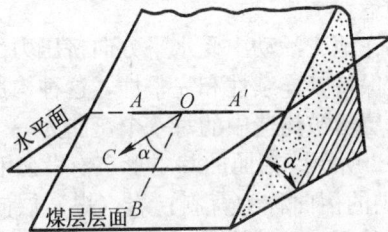

图2-1　煤层产状要素

（1）走向：煤层层面与水平的交线称为走向线，走向线两端所指的方向就是走向。

（2）倾向：在煤层层面上与走向线垂直向下延伸的直线叫做倾斜线，倾斜线的水平投影所指的方向称为倾向。

（3）倾角：煤层层面与水平面的夹角称为倾角。倾角的大小反映煤层的倾斜程度，倾角在0°～90°之间变化。煤层倾角越大，开采难度越大。根据采煤技术特点，煤层按倾角分为四类：

① 近水平煤层（<8°）；

② 缓倾斜煤层（8°～25°）；

③ 倾斜煤层（25°～45°）；

④ 急倾斜煤层（>45°）。

5. 煤矿地质构造及其对安全生产的影响

岩（煤）形成初期，其走向一般都是水平或近水平的，并在一定范围内是连续完整的；后来受到地壳运动的影响，使岩层的形态发生了变化，出现了倾斜、褶皱，有的还发生了断裂或延断裂面产生了位移，使岩层失去了完整性。这种由地壳运动造成的岩石的空间形态（如褶曲、断层等）称为地质构造。

地质构造的形态多种多样，大致可分为单斜构造、褶皱构造和断裂构造。

（1）单斜构造。

岩（煤）层受地质作用力的影响，产生向一个方向倾斜的形态，这样的构造形态称为单斜构造。单斜构造往往是其他构造形态的一部分，或是褶曲的一翼，或是断层的一盘。

（2）褶皱构造。

岩（煤）层在地壳活动中受水平方向挤压力的作用，呈现波状弯曲，但依然保持其连续性和完整性，这种构造形态称为褶皱构造。岩（煤）层褶皱构造中的每一个弯曲为一个基本单位，称为褶曲，如图 2-2 所示。褶曲的基本形态有背斜和向斜两种：岩（煤）层向上弯拱的褶曲称为背斜；岩（煤）层向下弯拱的褶曲称为向斜。在自然界中，背斜和向斜在位置上往往是彼此相连的。褶曲是由于地壳运动所产生的水平挤压形成的，因此，在褶曲两翼必然存在一个压应力，当地壳运动停止后，由于任何物体都有一个恢复原来状态的趋势，所以，又产生了一个拉应力，如图 2-3 所示。因此，在褶曲构造带势必储存一个应力能，我们把它叫做构造应力。据测定，构造应力是原始应力的 20 倍。这就给顶板管理和安全生产带来一定的困难，尤其在有冲击地压煤层中困难就更大。

（3）断裂构造。

岩层受地质作用力后遭到破坏，失去了连续性和完整性的构造形态称为断裂构造。

断裂面两侧的岩层没有发生明显位移的断裂构造，称为裂隙或节理。

断裂面两则的岩层发生了明显位移的断裂构造，称为断层。

图 2-2 褶皱构造示意图

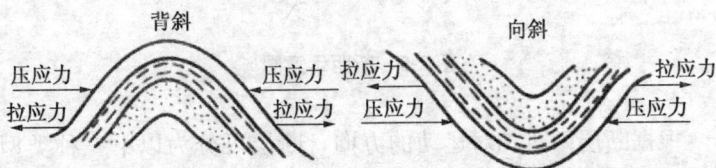

图 2-3 褶曲煤层受力示意图

断层要素如图 2-4 所示。

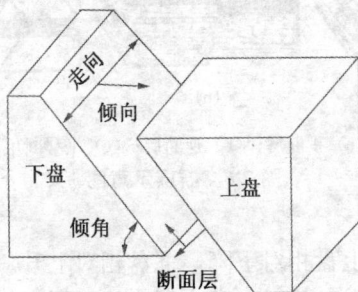

图 2-4 断层要素

① 断层面。岩层发生断裂位移时，相对滑动的断裂面称为断层面。

② 断盘。断层面两侧产生相对位移的岩体称为断盘。如果断层面为倾斜时，通常将断层面以上的断盘称为上盘，断层面以

下的断盘称为下盘。

③ 断距。断层的两盘相对位移的距离称为断距。断距可分为垂直断距（两盘相对位移垂直距离）和水平断距（两盘相对位移水平距离），如图 2-5 所示。

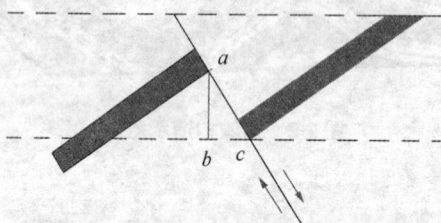

图 2-5　断距示意图

根据断层两盘相对运动的方向，断层可分为以下三种类型，如图 2-6 所示。

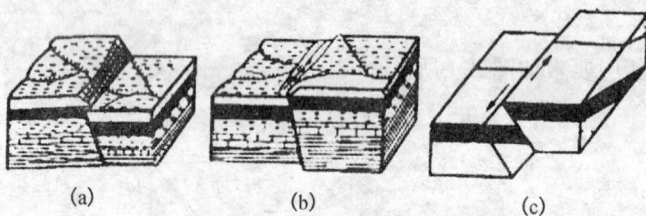

（a）正断层；（b）逆断层；（c）平移断层

图 2-6　断层示意图

① 正断层：上盘相对下降，下盘相对上升。
② 逆断层：上盘相对上升，下盘相对下降。
③ 平移断层：断层两盘岩块沿断层面作水平方向相对移动。
根据断层走向与岩层走向的关系，断层又分为：
① 走向断层——断层走向与岩层走向平行或基本平行。
② 倾向断层——断层走向与岩层走向垂直或基本垂直。
③ 斜交断层——断层走向与岩层走向斜交。
根据断层的组合形式不同，又可以有地堑、地垒、阶梯构造

等断层组。

断层对煤矿安全生产影响较大。在断层带附近岩（煤）破碎，顶板失去完整性，极易发生冒顶事故；断层又是地下水的良好通道，可能使井下涌水增加，甚至发生突水事故；另外断层带还可积聚大量瓦斯，引发瓦斯事故。

三、矿山压力基本知识

在采掘过程中，极易发生顶板事故，据统计顶板事故占煤矿事故的 60% 以上，直接威胁煤矿的生产安全。因此，必须对矿山压力进行深入了解，掌握矿压活动规律，合理布置采场和生产布局，指导采掘工作。

（一）矿山压力的基本概念

地下的任一块岩石或煤，在没有受到回采和掘进影响之前，主要承受其上面岩石重量的压力，埋藏越深，承受的压力越大，埋藏深度相同，承受的压力也相同。人们习惯地把未开采前煤层所受的这种压力叫做原始压力。如果按单位面积所受压力计算，则叫做原始应力。岩石在原始应力作用下，由于岩石之间的互相挤压作用，在没有强大的地壳变动力的影响时，岩石不会产生破坏和变形。只有当开掘巷道或回采以后，破坏了煤岩体的原始应力状态，才会引起岩体内部的应力重新分布；如果在重新分布时的作用力超过了煤和岩石的自身强度，则巷道及回采工作面周围煤岩体及其内部的支护物将发生变形、破坏甚至垮落，直到煤岩体内部应力重新分布而达到新的平衡为止。这时巷道及回采工作面周围煤岩体内，存在着一个和原始应力状态完全不同的新的应力状态。矿山压力就是指由于开采后所引起的巷道及回采工作面的周围岩层或煤体内的力以及这个力的作用过程。

由于矿山压力的作用而引起了一系列的自然现象，如顶板下沉、开裂、冒落，工作面和巷道内煤的片帮，底板鼓起，支架变形、破坏，充填物沉缩，煤与瓦斯突出以及冲击地压等，这一系列现象统称为矿山压力显现，或叫矿压显现。

所以，矿山压力只有当煤岩体被采动，周围煤岩体发生活动以后，才会表现出来。对于缓倾斜煤层的回采工作面，这种力主要来自煤层以上的顶板岩层。通常所说的顶板管理，就是控制回采工作面顶板岩层的活动，也就是控制工作面矿山压力显现的方法。

（二）采煤工作面矿山压力显现规律

1. 回采工作面支承压力的分布

当煤层开掘切眼后，位于切眼上方岩石的支承点发生移动，上部岩层的重量将向巷道两侧转移，人们把这种因支承条件改变而使巷道两侧载荷增加形成的集中应力称为支承压力。

大量实测资料表明，工作面前方煤体内 3～5 m 处是支承压力的高峰区，其峰值约为原始应力的 4 倍。并且支架的支撑力对这种支承压力的分布没有什么影响。工作面前方支承压力区的范围小至 0.5～3 m，大至 40～60 m，有的甚至达 100 m 以上。工作面前方上下平巷受压变形主要也是支承压力作用的结果。每一个回采工作面都有超前压力，只不过是超前距离的大小和压力表现的程度不同。当煤层顶板为坚硬的砂岩时，工作面前方支承压力的作用距离可达 170 m；当顶板是松软的泥质页岩时，工作面前方支承压力作用距离只有 40 m 左右，顶板下沉过程短促，下沉速度快，发生在工作面控顶范围附近。当回采工作面使用的是刚性支架，煤层上方的顶板的支承压力分布如图 2-7 中的曲线 1′所示。工作面前后的应力呈对称状。

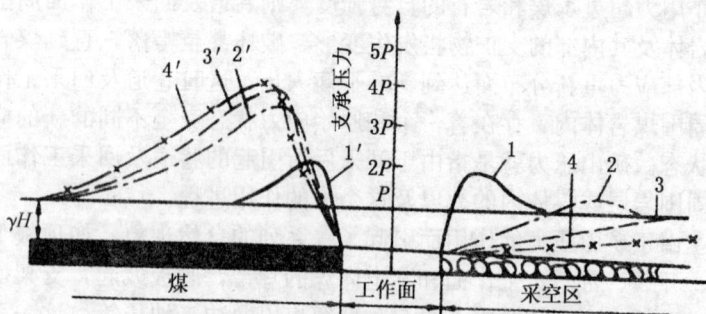

图 2-7　各种情况下回采工作面前后支承压力分布示意图

当采空区采用的是全部垮落法或全部充填法管理顶板时，工作面后方的支承压力大为降低，而使工作面前方的支承压力急剧增加，如图 2-7 中的曲线 2′所示。

当工作面采高大或顶板岩层坚硬，使顶板形成砌体梁式的平衡，则当顶板在工作面上方悬露时，其支承压力分布可能出现图 2-7 中曲线 3′的情况。当沿工作面切落时，前方的支承压力就明显降低，而后方的支承压力有所提高。

当采深很大或由于岩层性质等影响，在采区范围内，工作面后方岩层的冒落不能影响到地表时，这时工作面后方的支承压力分布情况将出现图 2-7 中曲线 4 的情况，即采空区的支承压力将不能恢复到原始应力状态。

实测资料还表明，由于煤壁前方支承压力的作用，顶板岩层早在未悬露之前，就发生小至 15～60 mm、大至 100 mm 以上的下沉量。掌握这一规律，有助于在实际工作中正确地选择工作面控顶距和采煤机截深，充分利用支承压力的作用来提高破煤率。

同样，在回采工作面沿倾斜上下端的煤体内也会形成支承压力，其作用原理与工作面前后方支承压力的作用机理一样，只是表现方式和作用距离的大小有所区别，这与回采工艺和巷道布置有很大关系。总之，在采空区四周都存在着应力集中现象（图 2-8）。

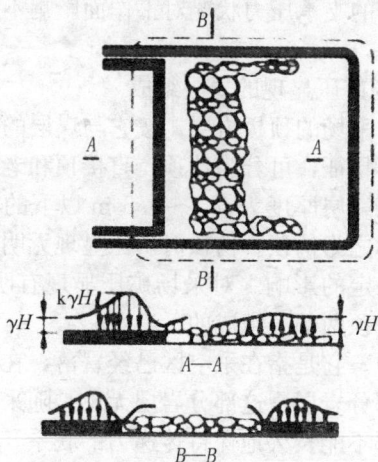

图 2-8 采空区周围的支承压力

由此可见，回采工作面前方的支承压力主要是由于工作面及采空区上方岩体的重力转移所造成的；同时，顶板岩梁弯曲下沉作用也会引起工作面前方煤体中产生应力升高现象，这一作用在平时表现不明显，当工作面来压时，就会突然地表现出来，顶板岩层越坚硬，这一作用就越明显。

当垮落岩块被压到一定程度后，回采工作面后方的采空区，同样会出现支承压力。这说明，采场上方岩层的重载荷主要由前方煤体和采空区中压实的岩块带承担，起支座（或拱脚）的作用，即以两个拱脚为支点，而形成稳定的压力拱。因此，采场中的支架仅受上方部分岩石重量的作用。后支承压力的集中程度比前支承压力要小一些，支承压力的峰值也较低。在生产过程中，如果采空区内直接顶能随支架前移而及时充分地垮落，采空区的后支承压力将更靠近工作面，则回采工作面前后产生支承压力的支承点的跨度将更小，对减轻工作面的压力，改善工作面顶板管理状况更为有利。在单体支柱工作面，要强调及时回柱放顶，提高回柱放顶质量，要求把采空区的支柱回撤干净，使顶板及时充分垮落，目的是缩小工作面前后支承压力区的距离，改善工作面顶板管理条件。回采工作面使用液压支架时的道理也是一样，绝不能认为采空区的支承压力状况对工作面影响不大，忽视对采空区的正确处理。

2. 影响采场矿压显现的岩层组成

实践证明，采场的顶板岩层，按它与煤层的相对位置和岩层的坚固性及垮落特征，可分为伪顶、直接顶和老顶。直接顶与煤层之间有时夹有一层厚度为 0.3～0.5 m 以下的松软岩层，并随落煤而垮落，称之为伪顶。伪顶对矿压显现无明显影响，但对生产和安全却有一定的影响。对采场矿压显现有明显影响的岩层，是由直接顶和老顶两部分组成的。

（1）直接顶。它是指在采空区已经冒落，在采场内暂时由支架支撑的那一部分岩层。这部分岩层无论是随采随冒，还是悬顶周期性断裂，都不能长久地保持传递力的联系。因此，其作用力必须由支架完全承担。直接顶常由泥质页岩、页岩、砂质页岩等组成。

（2）老顶。直接顶上方的一部分岩层（岩梁）称为老顶。它由一层或几层岩层（岩梁）组成，它对采场矿压显现有明显影响。老顶中每一个岩梁的前后支承点分别在煤壁和采空区冒落的矸石上，因此，其运动的作用力（岩层重量）无需由支架全部承担。支架承担老顶作用力的大小，由对岩梁位态控制要求决定。老顶常由砂岩、砾岩、石灰岩等组成。

老顶范围所含岩梁的数目是相对的，随着开采方法和支护方式不同，老顶的范围也会产生相应的变化。

3. 采场矿山压力显现

在回采过程中，必须了解矿压显现的周期，掌握矿压活动规律，以便有效地管理顶板。

（1）直接顶初次垮落。当工作面从开切眼推进一定距离后，采空区上方的直接顶板因悬空面积增大，在自重作用下不断地产生位移、出现裂隙、离层，直至冒落。直接顶第一次大面积冒落，称为直接顶初次垮落。直接顶初次垮落时，从采场放顶线至开切眼之间的距离称为直接顶初次垮落步距。在正常情况下，直接顶初次垮落步距或初次垮落面积的大小，是由直接顶的岩性所决定。当直接顶岩层比较稳定时，初次垮落步距达 10～20 m 时直接顶就能发生自然垮落。

当直接顶为坚硬岩石时，工作面距开切眼 40～60 m 后，直接顶也不一定垮落。为了减轻顶板对工作面造成过大的压力，避免顶板大面积垮落时的威胁，需要在适当的距离内进行人工强制放顶。

（2）老顶初次来压和周期来压。工作面继续向前推进，老顶岩梁长度和悬露面积逐渐加大，当这一段岩层的自重及上覆岩层的作用力超过它本身的强度时，就会发生断裂而垮落。由于老顶第一次垮落的面积大、来势猛，给回采工作面带来明显的矿压增大现象，称为初次来压现象。老顶初次来压时工作面距开切眼的距离称为初次来压步距。

随着工作面不断推进，老顶再次断裂，这样老顶周而复始发生断裂的现象，称之为老顶周期来压。两次来压间隔的天数称为来压周期，在此期间工作面推进的距离，称为周期来压步距。

老顶初次来压步距，与老顶岩层的力学性质、厚度、破断岩块之间互相咬合的条件等有关；同时与地质构造等因素也有关。例如，遇到断层则可减小来压步距。一些煤矿的老顶来压步距，一般为 20～35 m，个别矿区的部分岩层可达 60～70 m，甚至更大。

周期来压步距的大小和老顶来压一样，主要取决于老顶岩层的性质。由于周期来压时老顶岩梁处于悬臂状态，与初次来压时老顶处于双支撑状态不同，周期来压步距比初次来压步距小得多，一般约为 5～20 m，少数较坚硬顶板可达 20～30 m。有些回采工作面的周期来压由于老顶岩层包括了几层不同性质的岩层，还会在大周期来压过程中，出现几个小周期的特点。

周期来压的主要表现形式：顶板下沉速度急剧增加；顶板下沉量增大；支柱所受的载荷普遍增加；有时还可能引起煤壁片帮，支柱折损，顶板发生台阶下沉等现象。如果支柱参数选择不合适或单体支柱稳定性较差，则可能导致局部冒顶、甚至顶板沿工作面切落等事故。

（三）掘进工作面矿山压力显现规律

研究巷道矿压显现规律，可用于指导巷道位置的选择，巷道形状、断面、施工方法及支护材料的确定，以利于延长巷道的服务年限，提高巷道的使用效果。

1. 巷道围岩的应力分布

巷道围岩应力的分布情况（如图 2-9 所示），大致可分为应力降低区，应力增高区和原始应力区。这三个区的范围及应力集中系数，除受围岩的性质作用外，还受相邻巷道空间位置的影响，若两个相邻巷道围岩的应力增高区重合时，应力集中系数将显著增高，巷道维护困难，在生产中应引起注意。

2. 巷道变形的原因。

巷道变形、破坏的原因主要受到顶压、侧压和底压的作用，其中主要是顶压的作用。只有在底板松软和顶压、侧压大的情况下，才会出现底压，即底鼓。

（1）顶压作用。在岩体开掘巷道后，巷道上方的顶板岩层便失去了支撑，产生拉应力。而岩石的抗拉强度远小于岩石的抗压

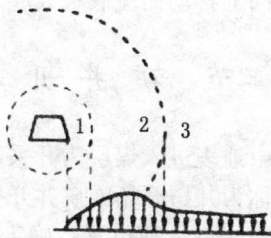

1—应力降低区；2—应力增高区；3—原始应力区

图 2-9　巷道围岩应力分布

强度。岩层中产生的拉应力可能超过岩石的抗拉强度，若超过不多，顶板岩层只产生不太大的裂缝，若超过岩石的极限抗拉强度，就会产生较大的裂缝。这些裂缝互相交叉，使岩石成为碎块。当没有支护时，岩石便会冒落。裂缝继续延伸和扩大，岩石继续冒落，一直到形成"拱"状以后才稳定下来，这个拱就叫做自然平衡拱。巷道越宽，岩石越松软，拱就越高越大。此时，如果有支护，自然平衡拱内的岩石已不能承担拱部以上岩层的压力，拱内的岩石重量便直接作用在支护上。这部分来自顶板方向的压力，就是顶压。

（2）巷道侧压。巷道两帮的岩体除了承受原始应力外，又加上自然平衡拱上方岩层转移来的那部分压力，形成了压力升高区。这个升高了的压力，叫做支承压力或集中压力。当巷道刚掘出时，两帮岩壁还没有变形，承担着最大的支承压力，越往岩体深部，支承压力就越小。过一段时间后，在支承压力作用下，靠近巷道两帮的岩石逐渐被压碎变形，强度减弱，承受不了最大的支承压力，支承压力就逐渐向岩体深部转移，寻求新的支撑点。如果两帮的岩石节理发育，岩性较软，则在两帮支承压力作用下，两帮岩石沿着斜面垮落下来，这就是片帮。在这种情况下，支架的腿或支护墙将承受岩石垮落所产生的水平推力，这个水平推力，就是巷道的侧压力。

（3）巷道底压。巷道产生侧压，获得新的平衡之后，新的自然平衡拱仍然把压力传给两帮，再传给底板。当底板岩石强度较

55

低时，底板岩石就会向上移动而使底板鼓起来，从而产生底压。

第二节　矿井开拓

在井田范围内，由地表进入煤层为开采水平服务所进行的井巷布置和开拓工程，称为井田开拓或矿井开拓。矿井开拓的主要内容是：确定井筒形式、数目和位置；确定水平的数目和标高；划分采区；布置井底车场和主要巷道；确定开采顺序；处理开拓，准备与回采的关系和矿井延伸等问题。

开拓巷道在井田内的总体布置方式，称为矿井开拓方式。由这些井巷构成的生产系统称为矿井开拓系统。由于井田范围、煤层贮存状态以及地质构造等条件各不相同，矿井开拓方式也不同。通常以井硐形式为依据，将矿井开拓方式划分为：斜井开拓方式、立井开拓方式和平硐开拓方式三种。

一、斜井开拓

斜井开拓是指利用倾斜巷道由地表进入地下，并通过一系列巷道通达煤层的开拓方式。随着强力带式输送机的出现，这种开拓方式的适用范围正在逐步扩大。

根据井田内水平的设置、阶段内准备方式以及井筒位置不同，斜井开拓有多种形式。（1）斜井多水平分区式开拓；（2）斜井多水平片盘式开拓；（3）斜井单水平倾斜分段式开拓。

二、立井开拓

立井开拓，是用垂直巷道由地面进入地下，并通过一系列巷道进入矿体的开拓方式。以立井单水平分区式开拓方式为例，如图 2-10 所示。井田分为上、下山两个阶段。用一对立井由地面进入井下，其中主井用来提煤，提升设备多采用箕斗；副井用来提升矸石、升降人员和运送设备与材料，并兼作入风井，提升设备为罐笼。当井筒掘至开采水平标高后，开掘井底车场及主要运输大巷，并相继进行采区的准备工程，其内容与斜井开拓基本相同。

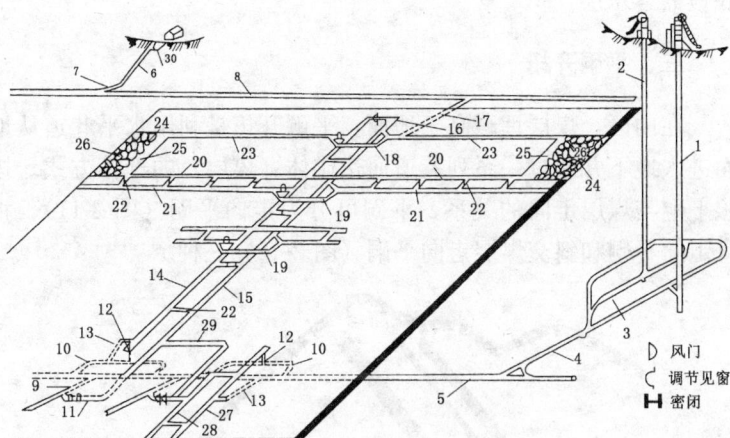

1—主井；2—副井；3—井底车场；4—主要运输石门；5—运输大巷；6—风井；
7—回风石门；8—回风大巷；9—采区运输石门；10—采区下部装车场；
11—采区下部材料车场；12—采区煤仓；13—行人进风巷；14—运输机
上山；15—轨道上山；16—上山绞车房；17—采区回风石门；18—采区
上部车场；19—采区中部车场；20—上区段运输平巷；21—下区段回风
平巷；22—联络巷；23—区段回风平巷；24—开切眼；25—采煤
工作面；26—采空区；27—运输机下山；28—轨道下山；
29—下山回风联络巷；30—主要通风机

图 2-10 立井单水平分区式开拓

立井开拓对于矿山地质条件有广泛的适应性。立井开拓不受表土、煤层、井田尺寸和地质构造等条件限制，特别是当煤层埋藏较深或冲积层较厚，水文地质条件复杂，围岩稳定性差，井筒需要特殊方法施工或开采急倾斜煤层时更宜。

立井开拓与斜井开拓相比，其优点是：对矿区自然环境及矿山地质条件适应性强；当采深相同时立井井筒短，因此工程量小，井筒中所设管、线、缆少；与钢丝绳提升的斜井相比，井筒通过能力大；井筒断面大，易于满足矿井通风的要求；提升，排水，通风动力消耗少；井筒维护费用少。立井开拓的缺点是：施工技术复杂，施工设备多，对施工技术水平要求高；井筒装备复杂，施工难度大，掘进速度慢；初期投资大；不能避开煤层顶、底板的含水层。

三、平硐开拓

在山区，煤层埋藏高于地面，平硐开拓是利用水平巷道从地面进入地下并通过一系列巷道通达矿体（煤层）的开拓方式。按照平硐与煤层走向的关系，平硐可分为走向平硐（图 2-11）、垂直走向平硐和斜交煤层走向平硐（图 2-12）三种。

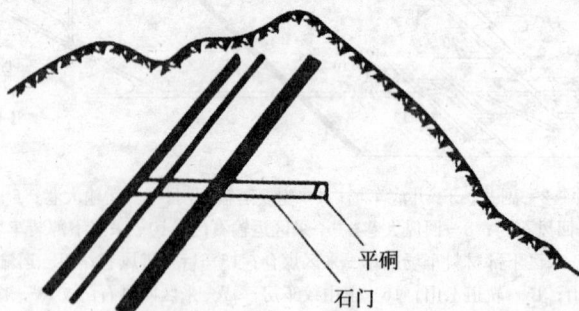

平硐
石门

图 2-11　走向平硐

采用平硐开拓的井田，一般都在平硐所在标高设置开采水平，开采上山阶段或开采上、下阶段。如果地形允许时，也可采用阶梯平硐开拓，如图 2-13 所示。

平硐开拓方式经济、简便。其优点是：矿井运输系统简单，环节少，设备单一，不需要翻车设备，运费低，通过能力大；井巷及硐室工程量少，建井期短，投资少，出煤快；平硐标高以上无排水设备，因而无排水费用；地面建筑简单，无绞车房、井架等工业建筑物与结构物；煤炭损失少，无工业广场煤柱；人员上、下井极为方便。

平硐开拓适用条件为：平硐标高以上煤有足够储量能满足建井；有能满足布置平硐口和工业场地的地形条件；有条件修筑公路或铁路实现与外界联系的山岭地区。

(a)

(b)

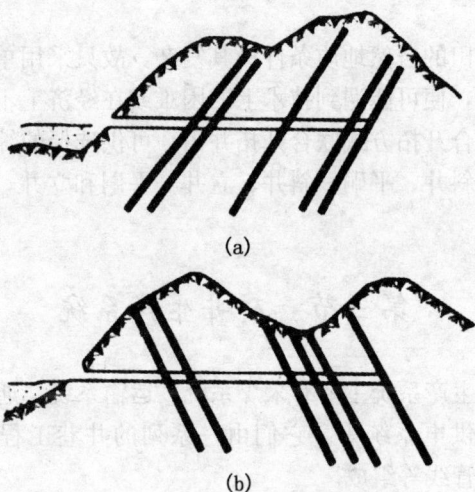

（a）从顶板进入煤层的垂直走向平硐；（b）从煤层底板进入煤层的走向平硐

图 2-12 垂直走向平硐

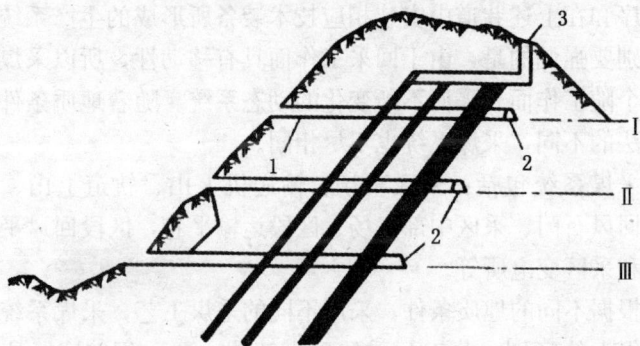

Ⅰ，Ⅱ，Ⅲ—第一、二、三水平；1—平硐；2—阶段运输大巷；3—小风井

图 2-13 阶梯平硐

四、综合开拓

综合开拓是指借助于两种或两种以上井硐形式的综合开拓井

59

田方式。

由于井田的自然地质条件极其复杂，故只采用单一的井硐形式开拓井田，便可能遇到技术上的困难或在经济上不合理。这时便可采用综合开拓方式联合开拓井田。可供选择的综合开拓方式有：立井—斜井、平硐—斜井、立井—平硐和立井—斜井—平硐开拓方式。

第三节　矿井生产系统

煤矿的生产系统主要有采煤系统、运输系统、通风系统、供排水系统、供电系统等。它们由一系列的井巷工程及机械、设备、仪器、管线等组成。

一、采煤系统

采煤系统是指取决于开采单元巷道布置方式，采、准巷道掘进程序和在上述巷道中安装相应技术装备所形成的生产系统。这里特别要强调的是，由于回采工作面具有移动性，所以采煤系统是一个随工作面开采而不断变化的动态系统。随着地质条件和采煤方法的不同，采煤系统也不尽相同。

采煤系统包括：采区车场、输送机上山、轨道上山、绞车房、回风石门、采区中部车场、区段运输平巷，区段回风平巷及煤仓和采区变电所等。

根据不同的地质条件，采用不同的采煤工艺，采煤系统可能会有很大的区别。井工开采的采煤工艺主要采用壁式、柱式采煤；水采则通常采用柱式。

（一）壁式采煤

壁式采煤通常有较长的采煤工作面，在采煤工作面两端至少各有一条巷道，用于通风与运输。随采煤工作面推进，要有计划地处理采空区。它的优点是煤炭损失少，采煤连续性强，单产高，采煤系统较简单，对地质条件适应性较强，但采煤工艺装备比较复杂。按照工作面的推进方向，壁式采煤系统分为走向长壁采煤和倾斜长壁采煤两种类型。

（二）柱式采煤

以短工作面采煤为其主要标志，大多用于埋藏较浅的近水平薄及中厚煤层，并要求顶板较好、瓦斯涌出量少；也可用于不正规条件下或回收巷道煤柱。

柱式体系的主要特点是：工作面长度短，数目多；采房及回收煤柱设备合一，灵活性强；矿压显现减弱，生产过程中支护及处理采空区工作较简单，有时可不处理采空区；工作面通风条件相对恶劣；回采率较低；机械化的柱式采煤，使用条件较严格，发展受到一定限制。

（三）水力采煤

水力采煤是利用高压水射流直接破落煤体，并借助水力来完成运输和提升等工序的开采工艺，简称水采。它具有工艺简单、效率高、生产安全等优点。

二、矿井通风系统

矿井通风系统是矿井主要通风机的工作方法、通风方式和通风网络的总称。矿井必须有完整的独立通风系统。地面新鲜空气→副井→井底车场→主石门→水平运输大巷→采区运输石门→采区进风上山→采煤工作面进风平巷→采煤工作面→采煤工作面回风平巷→采区回风（轨道）上山→采区回风石门→总回风巷→矿井回风井→地面。

三、矿井提升与运输系统

矿井提升和运输系统是生产过程中重要环节。它担负着煤、矸石、人员、材料、设备与器材的送进、运出工作。其运输、提升系统均按下述路线进行：由采掘工作面采落的煤、矸石经采区运输道送至储煤仓或放矸小井，放入主要运输大巷以后，由电机车车组运至井底车场，装入井筒中的提升设备，提升到地面装车运往各地。而材料、设备和器材则按相反方向送至井下各工作场所。

一般矿井中常用的运输方式有自重运输和机械运输。机械运输又可分为输送机运输和轨道运输。井筒中通常采用提升设备，而在倾角小于17°，运输量大的斜井也可采用带式输送机运输。

（一）自重运输

自重运输就是煤炭和矸石利用自身重力，克服各种运行阻力沿溜槽或底板自行向下滑落的一种运输方式。它不需要动力和机械设备，比较经济。但采用自重运输时，受运输倾角的限制，并与货载的性质、块度、湿度以及滑动面的材料和光滑程度等因素有关。

（二）输送机运输

（1）刮板输送机运输。刮板输送机可分为不可弯曲拆移式和可弯曲式（整体推移式）两种。它是回采工作面和下山运输的主要设备。

（2）带式输送机。带式输送机是一种摩擦驱动的连续动作式运输机械。它是煤矿井上井下广泛使用的运输设备之一。带式输送机可布置在各种运输巷道、斜井、平硐中。

煤矿中常用带式输送机类型有：绳架式带式输送机，刚性机架带式输送机；嵌钢丝绳芯带式输送机；钢丝绳带式输送机。

（三）轨道运输

轨道运输是矿井运输系统中的重要组成部分，是矿井动脉网络。它由轨道、矿车、绞车和机车组成，担负着矿井的煤炭、矸石、材料、设备及人员的运输。

（四）采区运输系统

（1）工作面采出的煤经区段运输平巷、运输上山运至采区煤仓，在阶段运输大巷装车，由电机车牵引至井底车场，把煤卸入主井煤仓，由主井提至地面。

（2）材料与设备由副井下放至井底车场，经阶段运输大巷、采区石门进入采区下部车场，再由轨道上山经采区上部车场进入区段回风巷，运至回采工作面。

四、供排水系统

煤矿井下生产需要洒水灭尘，液压设备需要水，井下防灭火也需要水，所以必须向井下供水。另外，矿井水必须排到地面，否则会造成矿井水灾，为此，矿井都建有供、排水系统。

（一）矿井供水系统

在供水系统中，有大巷洒水、喷雾、防尘水幕。煤的各个转载点都有洒水灭尘喷头，采掘工作面有洒水灭尘喷雾装置、采掘工作面机械设备供水系统等。此外，供水系统还具有消防功能。

（二）矿井排水系统

矿井水主要来自于地下含水层水、断层水、采空区积水及地表水的补给。在生产中必须排到地面。为了排出矿井水，矿井一般都在井底车场处设有专门的水仓及主水泵房。矿井排水系统及方式主要由矿井深度、开拓系统以及各水平涌水量的大小等因素确定。其一般可分为集中排水系统和分段排水系统两种。

1. 集中排水系统

立井单水平开采时，可以将全矿涌水集中于水仓，由主排水设备集中排至地面。多水平开采时，如果上水平的涌水量不大，可以将水放到下一水平的水仓中，再由主排水设备集中排至地面，省去了上水平的排水设备。

2. 分段排水系统

深井单水平开采时，若水泵的扬程不足以直接把水排至地面，可在井筒中部开拓水泵硐室和水仓，把水先排至中部水仓，由中部水泵再排至地面。多水平开拓的矿井，由于上一水平的涌水量比下水平的大时，也可以将下水平的小量涌水用小流量泵先排至上水平的水仓中，再由上水平的水泵将其排至地面。

除矿井的排水系统外，井下采掘工作面有时积水无法自动流出，还需要安装小水泵排出，根据水量随时开动小水泵排水。

在井下生产中，应注意不在水沟内堆积坑木和其他杂物，以保持排水畅通；水沟还需定期清理。

　　总之，矿井的生产系统既各自独立运行又相互关联，要想搞好煤矿的安全生产，提高经济效益，必须协调、有效地使各生产系统都保持正常运作。

第四节　矿井通风

　　矿井通风既是煤矿生产的一个重要环节，也是矿井安全重要的基础工作。为了供给井下人员呼吸所需要的氧气，稀释和排除井下各种有害气体和粉尘，调节井下气候条件，创造良好的煤矿生产作业环境，对瓦斯、煤尘和火灾实施切实可行的防治措施，提高矿井的抗灾救灾能力，必须对矿井进行通风工作。矿井通风任务如图 2-14 所示。

图 2-14　矿井通风的任务

　　【案例】某煤矿发生一起中毒窒息事故，死亡 6 人。该矿为乡镇煤矿，属于资源整合、低瓦斯矿井。初步分析，该矿在未采取安全措施的情况下，擅自安排 2 人到被整合的七里煤矿（已关闭）井下查看情况，造成 2 人中毒窒息死亡；事故发生后，又盲目组织 4 人入井施救，全部中毒窒息死亡。

一、矿内空气

（一）矿内空气的主要成分

矿内空气来源于地面空气。地面空气的主要成分是由氧、氮、二氧化碳组成。它们按体积百分比计，氧为 20.96%、氮为 79%、二氧化碳为 0.04%。

地面空气进入井下后，在气体种类和成分上都发生了一系列的物理化学变化。例如，氧气成分减少，二氧化碳和其他有害气体成分增加。

化学成分变化不大的空气叫做新风，如从井筒、井底车场到采掘工作面进风口等处的空气；化学成分变化较大的空气叫做乏风，如从采掘工作面到矿井回风井口等处的空气。

（二）矿内空气成分性质和安全标准

（1）氧气（O_2）。氧气是无色、无味、无臭的气体，相对密度为 1.11。氧的化学性质活泼，能与大多数元素化合。氧能助燃和供人、动植物呼吸。

人体维持正常生命过程的需氧量，取决于人体的体质、精神状态和劳动强度等。一般来说，人体在休息时，平均需氧量为 0.25 L/min；工作和行走时平均需氧量为 1～3 L/min。如果空气中氧含量降低，就会影响人的身体健康，甚至造成死亡。

按照《煤矿安全规程》规定，采掘工作面的进风流中，氧气浓度不低于 20%。

（2）氮气（N_2）。氮气是无色、无味、无臭的惰性气体，不助燃，不参与呼吸中的反应。氮气的相对密度为 0.97。在正常情况下，氮气对人体无害，但是当空气中氮气含量过多时，就会使氧气的浓度相对减少，使人缺氧窒息。

（3）二氧化碳（CO_2）。二氧化碳是无色、略带酸味的气体，易溶于水，不助燃，也不参与呼吸中的反应，相对密度为 1.52。该气体多积存在通风不良的巷道底部、下山等低矮地方，对人的眼、鼻、口腔黏膜有刺激作用。

二氧化碳对人体影响较大，微量二氧化碳能促使呼吸加快，呼吸量增加。当二氧化碳浓度为 1％时，呼吸急促；当其浓度为 5％时，呼吸困难，伴有耳鸣和血液流动加快的感觉；当其浓度增至 10％～20％时，呼吸将处于停顿并失去知觉；当其浓度高达20％～25％时，人将中毒死亡。

按照《煤矿安全规程》规定，采掘工作面的进风流中，二氧化碳浓度不超过 0.5％。矿井总回风巷或一翼回风巷中二氧化碳浓度超过 0.75％时，必须立即查明原因，进行处理。

煤矿井下空气的要求如图 2-15 所示。

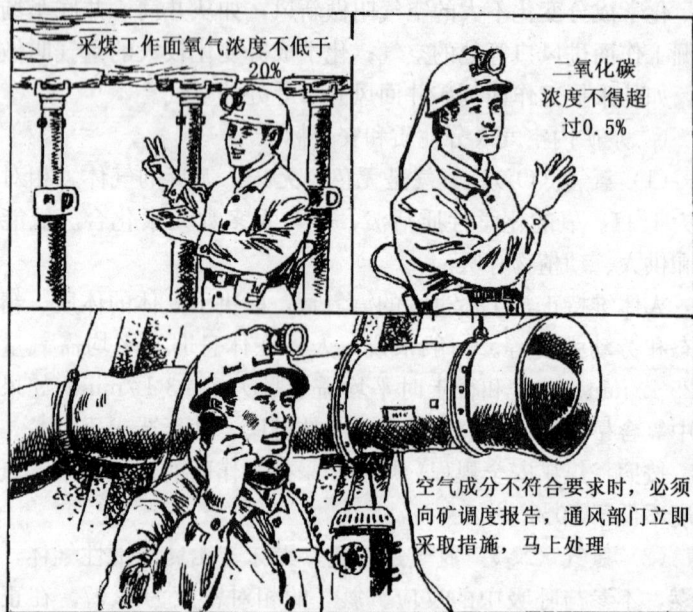

图 2-15　煤矿井下空气的要求

（三）矿井空气中的有害气体

1. 一氧化碳（CO）

一氧化碳是无色、无味、无臭的气体，相对密度为 0.97，微溶于水。在正常的温度和压力下，一氧化碳化学性质不活泼。当空气中一氧化碳浓度达到 13%～75% 时，能引起燃烧和爆炸。

一氧化碳毒性很强，它对人体血色素的亲和力比氧大 250～300 倍。因此，一氧化碳被吸入人体后，就阻碍了氧和血色素的结合，使人体各部分组织和细胞产生缺氧，引起中毒、窒息以致死亡。一氧化碳中毒的明显特点是嘴唇呈桃红色，两颊有斑点。

按照《煤矿安全规程》规定，矿井空气中一氧化碳的最高允许浓度为 0.002 4%。

2. 硫化氢（H_2S）

硫化氢是无色、微甜、有臭鸡蛋味的气体，相对密度为 1.19，易溶于水。硫化氢能燃烧和爆炸，爆炸浓度范围为 4.3%～46%。硫化氢有强烈的毒性。

硫化氢能使人体血液中毒，对眼睛黏膜和呼吸系统有强烈的刺激作用。空气中硫化氢浓度达到 0.000 1% 时，人就能嗅到它的气味；当其浓度上升到 0.1% 时，在极短时间内人就会死亡。

按照《煤矿安全规程》规定，井下空气中硫化氢的最高允许浓度为 0.000 66%。

3. 二氧化硫（SO_2）

二氧化硫是一种无色、具有强烈硫磺味的气体，易溶于水，相对密度为 2.22，易积聚在巷道底部。

二氧化硫对人体影响较大，能强烈刺激眼和呼吸器官，使喉咙和支气管发炎，呼吸麻痹，严重时会引起肺水肿。当空气中二氧化硫浓度达 0.002% 时，能引起眼红肿、流泪、咳嗽、头痛、喉痛；当其浓度达到 0.005% 时，能引起急性支气管炎和肺水肿，并在短时间内使人死亡。

按照《煤矿安全规程》规定，井下空气中二氧化硫最高允许浓度为 0.000 5%。

4. 二氧化氮（NO_2）

二氧化氮是一种红褐色气体，相对密度为 1.59，极易溶于水。它与水结合成硝酸，对人的眼睛、鼻腔、呼吸及肺部组织有强烈的破坏作用，能引起肺水肿。

二氧化氮中毒的特征是：开始无感觉，经过 6 h 或更长的时间才能出现中毒症状。即使在危险的浓度下中毒后，中毒者开始也只是感觉呼吸道刺激而咳嗽，经过 20～30 h 后，才发生较严重的支气管炎，呼吸困难，手指尖和头发出现黄斑，吐出淡黄色痰液，发生肺水肿，甚至死亡。

按照《煤矿安全规程》规定，矿井空气中二氧化氮的最高允许浓度为 0.000 25%。

5. 氨气（NH_3）

氨气是一种无色、具有强烈的刺激性气味的气体，相对密度为 0.6，易溶于水，毒性很强。

氨气对人体上呼吸道黏膜有较大刺激作用，引起咳嗽，使人流泪、头晕，严重时可致肺水肿。当空气中氨气浓度达到 0.004%～0.009 3% 时，对人就有明显的刺激作用；当其浓度达到 0.047%～0.05% 时，对人有强烈的刺激作用，时间稍长能引起人贫血，体重下降，抵抗力减弱，产生肺水肿，直至死亡。

按照《煤矿安全规程》规定，矿井空气中的氨气的最高允许浓度为 0.004%。

二、矿井气候条件

矿井气候条件是井下温度、湿度和风速三者综合作用的结果。人不论在休息或工作时，体内不断地产生热量和散失热量，保持身体热平衡，使体温保持在 36.5～37.0 ℃。如果失去这种平衡，人体就会感到不舒服。这种热平衡受井下气候条件的影响，气候条件的好坏对人体健康和劳动生产率的提高有着重要影响。

（一）空气的温度

矿井空气的温度是影响井下气候条件的主要因素，温度过高或过低，对人体均有不良影响。最适宜的井下空气温度是15～20 ℃。

按照《煤矿安全规程》规定，生产矿井采掘工作面的空气温度不得超过 26 ℃；机电设备硐室的空气温度不得超过 30 ℃。

（二）空气的湿度

空气的湿度是指空气中含水蒸气的数量，其表示方法有以下两种：

（1）绝对湿度。绝对湿度指的是 1 m³ 或 1 kg 空气中所含水蒸气的克数。

（2）相对湿度。相对湿度指的是一定体积空气中实际含有的水蒸气量与同温度同体积下饱和水蒸气量之比的百分数。

井下最适宜的空气相对湿度为 50％～60％。对于控制空气湿度过大，常可从空气温度和风速两方面来调节。

（三）风速

井巷和采掘工作面的风速过低或过高都不好。风速过低，汗水不易蒸发，人体多余的热量不易散失掉，人就会感到闷热不舒服，还容易积聚瓦斯和矿尘；风速过高时，容易使人感冒，矿尘飞扬，对安全生产和工人身体健康都不利。

《煤矿安全规程》对井巷中的风速有明确的规定，如有人通行的井巷风速不得超过 8 m/s；采煤工作面、掘进中的煤巷和半煤岩巷最低允许风速为 0.25 m/s，最高允许风速为 4 m/s；掘进中的岩巷最低允许风速为 0.15 m/s，最高允许风速为 4 m/s 等。

三、矿井通风方式

按照矿井进、回风井的布置形式，矿井通风方式可分为以下三种基本类型。

（一）中央式

中央式指的是进风井与回风井大致位于井田走向中央。根据回风井位于沿煤层倾斜方向的不同位置，又分为中央并列式和中央分列式两种。

（1）中央并列式（图2-16）：回风井位于沿煤层倾斜方向中央位置的工业广场内。这时，风流由进风井进入井底车场，经大巷至两翼工作面后，由石门返回中央回风井。

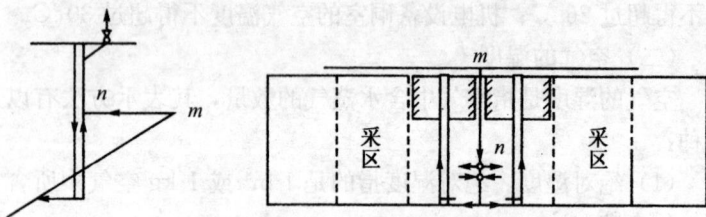

图 2-16　中央并列式通风

（2）中央分列式（又叫中央边界式）：回风井位于沿煤层倾斜方向的上部边界，回风井井底高于进风井井底，如图2-17所示。这时，风流由进风井进入井底车场，经大巷至两翼工作面后，由总回风大巷至回风井。

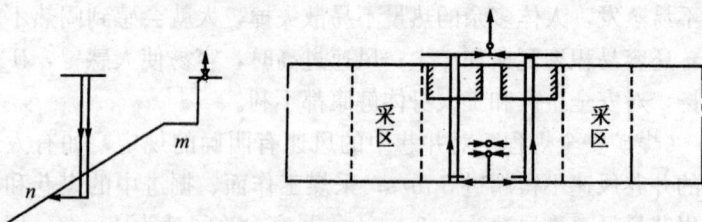

图 2-17　中央分列式通风

（二）对角式

对角式指的是进风井位于井田中央，回风井分别位于井田浅部沿走向的两翼。根据回风井位于井田浅部沿走向的不同位置又分为两翼对角式和分区对角式两种形式。

（1）两翼对角式（图2-18）：回风井位于井田浅部走向两翼

边界采区的中央。这时，风流由进风井进入井底车场，经大巷至两翼工作面，再分别由石门返回两翼的回风井。

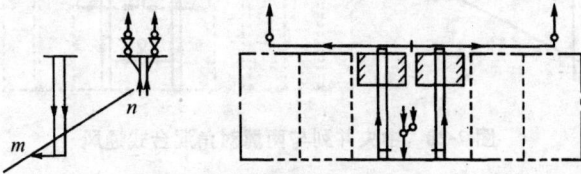

图 2-18 两翼对角式通风

（2）分区对角式（2-19）：沿采掘总回风巷每个采区开掘一个小回风井。这时，风流曲进风井进人井底车场，经大巷至两翼工作面，分别由石门返回采区回风井。

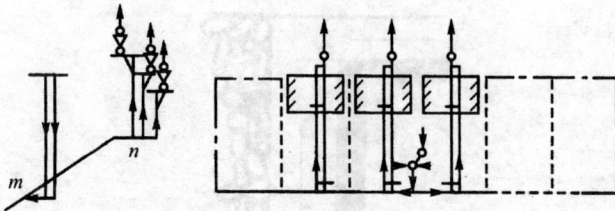

图 2-19 分区对角式通风

（三）混合式

混合式是中央式和对角式的混合布置，至少应由三个以上的井筒组成。例如，中央并列与两翼对角的混合式（图 2-20）、中央分列与两翼对角混合式和中央并列与中央分列混合式等。混合式是大型矿井或老矿井进行深部开采时常用的一种通风方式。

四、采煤工作面通风系统

采煤工作面通风系统主要由工作面进风平巷、回风平巷和工作面组成，形式多种多样。目前主要采用的是 U 形、Z 形、Y 形、W 形、和 U+L 形等形式。

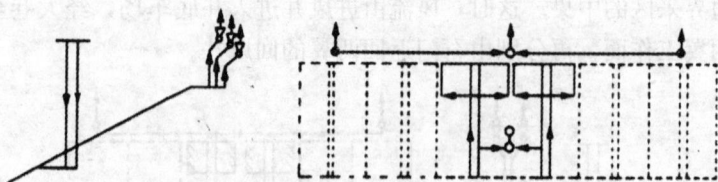

图 2-20　中央并列与两翼对角混合式通风

（一）U形通风系统

U形通风系统又叫反向通风系统，如图2-21所示。这种通风系统的优点是：系统简单；U形后退式通风系统采空区漏风量小；风流管理容易；巷道施工量和维修量小。但是，其缺点是：在工作面的上隅角附近容易积聚瓦斯。

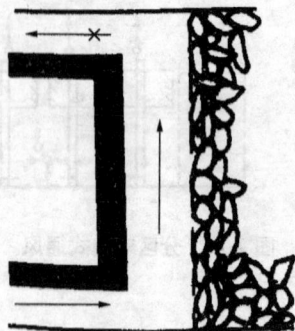

图 2-21　U形通风系统

（二）Z形通风系统

Z形通风系统又叫顺向掺新通风系统，如图2-22所示。当工作面瓦斯涌出量大，采用顺向通风系统仍不能降低工作面回风流中的瓦斯浓度时，可在工作面上平巷引进新鲜风流，将回风流中的瓦斯稀释和冲淡，然后再排出。它适用于瓦斯含量大的工作面，但巷道维修量大，而且不利于自燃煤层的防火。

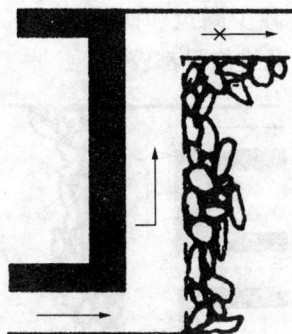

图 2-22 Z 形通风系统

（三）Y 形通风系统

Y 形通风系统又叫顺风掺新通风系统，如图 2-23 所示。当工作面瓦斯涌出量大，采用顺向通风系统仍不能降低工作面回风流中的瓦斯浓度时，可在工作面上平巷引进新鲜风流，将回风流中的瓦斯稀释和冲淡，然后排出。它适用于瓦斯含量大的工作面，但巷道维修量大，而且不利于自燃煤层的防火。

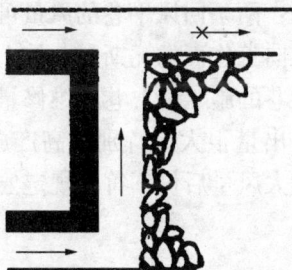

图 2-23 Y 形通风系统

（四）W 形通风系统

W 形通风系统适用于双工作面条件，如图 2-24 所示。这时开掘三条平巷，使用一条平巷进风，两条平巷回风或者三条平巷都进风、在采空区内保留上下两条平巷作为回风巷。W 形通风

73

系统对降温、防尘、减少漏风和防止采空区自燃都有较好的效果，但是巷道施工量和维修量都较大。

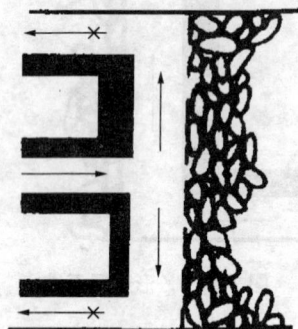

图 2-24　W 形通风系统

（五）U+L 形通风系统

U+L 形通风系统是在 U 形后退式基础上演变而来的，如图 2-25 所示。在工作面采空区或回风平巷的外侧增加一条平巷，作为专门排放瓦斯之用，俗称"尾巷"，形成一进二回的形式。这种通风系统的优点是：两条回风平巷的风量可以通过调阻加以控制，以控制采空区涌向工作面的瓦斯量，使上隅角不致超限。其缺点是：增加一条尾巷的施工量，巷道维修量大。目前，我国煤矿采煤工作面瓦斯涌出量很大，特别是高产放顶煤综采工作面，往往经抽放瓦斯和加大风量后仍不符合规定要求时，常采用 U+L 形通风系统。

五、掘进工作面通风

（一）掘进工作面通风方法

按照《煤矿安全规程》规定，掘进巷道必须采用矿井全风压通风或局部通风机通风。

1. 矿井全风压通风

利用矿井全风压通风具有通风连续可靠，安全性好，管理方

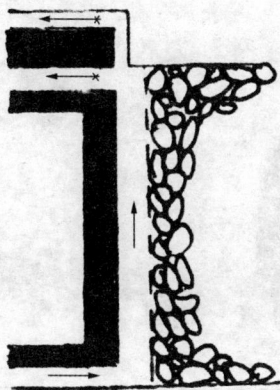

图 2-25 U+L 形通风系统

便等优点。但这种方法要求有足够的总风压，通风距离受到限制，所以仅适用于使用局部通风机不方便，通风距离又不大的巷道掘进中。

矿井全风压通风主要有利用纵向风障通风、利用风筒通风和利用平行巷道通风三种形式。

2. 局部通风机通风

局部通风机通风是利用局部通风机和风筒把新鲜空气送到用风地点，是矿井广泛采用的一种掘进通风方法。

FBD 系列矿用隔爆型局部通风机如图 2-26 所示。

该机结构紧凑、噪音小、高风压、大风量、效率高。其结构采用矿用隔爆型式，可用于煤矿井下长距离局部通风使用。用户可根据不同的通风需要，选择整机使用，也可分级使用，从而达到合理送风，节约用电的目的。

（二）局部通风机通风方式

局部通风机通风按照其工作方式的不同分为压入式、抽出式和混合式三种，如图 2-27 所示。目前，煤矿掘进工作面主要采用压入式通风。

图 2-26　FBD 系列矿用隔爆型局部通风机外形图

1. 局部通风机压入式通风

局部通风机压入式通风指的是，利用局部通风机和风筒将新鲜空气压入掘进工作面，而乏风经巷道排出。

（1）局部通风机压入式通风的优缺点。

其优点是：风流从风筒末端射向工作面，风流有效射程较长，一般达 7～8 m，因此容易排出工作面乏风和粉尘，通风效果好。同时，局部通风机安设在新鲜风流中，安全性能较好。

其缺点是：掘进工作面排出的乏风和粉尘要经过有人作业的巷道，爆破时炮烟排出速度慢、时间长。

（2）局部通风机压入式通风的适用条件。

按照《煤矿安全规程》中规定，煤巷、半煤岩巷和有瓦斯涌出的岩巷的掘进，应采用压入式通风方式；瓦斯喷出区域和煤（岩）与瓦斯（二氧化碳）突出煤层的掘进通风方式必须采用压入式。

2. 局部通风机抽出式通风

局部通风机抽出式通风指的是，局部通风机经风筒抽出掘进工作面的乏风和粉尘，而新鲜空气由巷道进入工作面。

（1）局通风机抽出式通风的优缺点。

其优点是：掘进工作面排出的乏风、粉尘和炮烟不需要经过

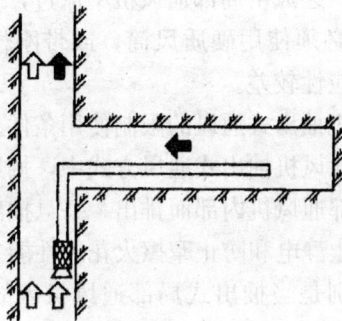

(a)

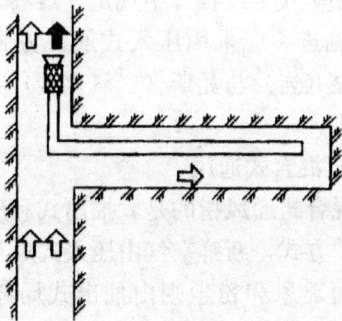

(b)

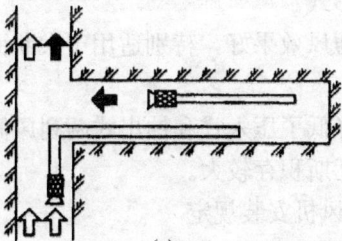

(c)

（a）压入式；（b）抽出式；（c）混合式

图 2-27　局部通风机通风

有人作业的巷道，保障作业人员的身体健康和提高掘进效率。

其缺点是：风流由风筒末端吸入，通风效果较差；局部通风机安设在乏风中，乏风由局部通风机中流过，安全性能较差。同时，抽出式通风必须使用硬质风筒，或带刚性骨架的可伸缩风筒，成本高且适应性较差。

（2）局通风机抽出式通风的限制使用条件。

因为在局部通风机抽出式通风方式中，掘进工作面的瓦斯要经过风筒流入局部通风机内部而排出，一旦抽出式局部通风机防爆性能降低，防止静电和防止摩擦火花的性能差，就可能引发瓦斯爆炸事故。特别是当抽出式局部通风机因故障突然停止运转时，会造成瓦斯积聚，而超过局部通风机吸入风流中的瓦斯浓度的规定。按照《煤矿安全规程》中规定，煤巷、半煤岩巷和有瓦斯涌出的岩巷的掘进，应采用压入式通风方式、不得采用抽出式；喷出区域或煤（岩）与瓦斯（二氧化碳）突出煤层的掘进通风严禁采用抽出式。

3. 局部通风机混合式通风

局部通风机混合式通风指的是，抽出式和压入式两种通风方法同时使用的一种方式，新鲜空气由压入式局部通风机和风筒压入掘进工作面，而乏风和粉尘则由抽出式局部通风机和风筒排出。按局部通风机和风筒的安设位置，分为长压长抽、长压短抽和长抽短压三种形式。

其优点是：通风效果好，特别适用于大断面、长距离岩巷掘进工作面的供风。

其缺点是：降低了压入式和抽出式两列风筒重叠段巷道内的风量，造成此处瓦斯积存较大。

（三）局部通风机安装规定

（1）压入式局部通风机和启动装置，必须安装在进风巷道中，距掘进巷道回风口不得小于 10 m。

（2）全风压供给该处的风量必须大于局部通风机的吸入风量。

（3）局部通风机离地高度大于 0.3 m。

（4）局部通风机的设备要齐全，吸风口有风罩和整流器，高压部位有衬垫。

（5）风筒出口风量保证工作面和回风流瓦斯浓度不超限，巷道中风流风速符合规定。

（6）严禁使用 3 台以上（含 3 台）局部通风机同时向 1 个掘进工作面供风，不得使用 1 台局部通风机同时向 2 个作业的掘进工作面供风。

（四）备用局部通风机规定

按照《煤矿安全规程》规定，高瓦斯矿井、煤（岩）与瓦斯（二氧化碳）突出矿井、低瓦斯矿井中高瓦斯区的煤巷、半煤岩巷和有瓦斯涌出的岩巷掘进工作面必须配备安装备用局部通风机。为了确保掘进工作面备用局部通风机真正发挥作用，必须遵守以下三点规定。

（1）自动切换。

备用局部通风机能够及时自动切换。当正常工作的局部通风机发生故障时，备用局部通风机能自动启动，保证掘进工作面及时正常通风。自动切换功能可以避免人的因素影响，及时性更有保障。

（2）不同电源。

掘进工作面备用局部通风机电源必须取自同时带电的另一电源，即与正常工作的局部通风机供电来自两个不同的电源。这样，无论局部通风机本身出现故障还是供电线路发生问题，备用局部通风机均能起到"备用"的作用，从而提高对掘进工作面供风的可靠性。

（3）同等能力。

为了保证对掘进工作面稳定、可靠、足量地供风，掘进工作面正常工作的局部通风机必须配备备用安装同等能力的备用局部通风机。如果备用局部通风机能力较低，将不能满足掘进工作面的用风需求；如果备用局部通风机能力较高，又会出现经济效益不佳的情况。

（五）局部通风机供电规定

1. 正常工作的局部通风机供电

（1）正常工作的局部通风机供电必须采用"三专"，即专用开关、专用电缆和专用变压器。

（2）专用变压器最多可向 4 套不同掘进工作面的局部通风机供电。

2. 低瓦斯矿井局部通风机供电

（1）低瓦斯矿井掘进工作面和通风地点正常工作的局部通风机可不配备安装备用局部通风机，但正常工作的局部通风机必须采用"三专"供电。

（2）正常工作的局部通风机配备安装一台同等能力的备用局部通风机，并能自动切换。

（3）正常工作的局部通风机和备用局部通风机的电源必须取自同时带电的不同母线段的相互独立的电源。

3. 局部通风机风电闭锁

（1）使用局部通风机供风的地点必须实行风电闭锁（参见图 2-28），保证当正常工作的局部通风机停止运转或停风后能切断停风区内全部非本质安全型电气设备的电源。

（2）正常工作的局部通风机故障，切换到备用局部通风机工作时，该局部通风机通风范围内应停止工作，排除故障；待故障排除，恢复到正常工作的局部通风机后方可恢复工作。

（3）使用 2 台局部通风机同时供风的，2 台局部通风机都必须同时实现风电闭锁。

（4）每 10 天至少进行一次甲烷风电闭锁，每天应进行一次正常工作的局部通风机与备用局部通风机自动切换试验，试验期间不得影响局部通风，试验记录要存档备查。

图 2-28　局部通风机的三专两闭锁

第五节　井下安全用电基础知识

电是煤矿生产所用的主要动力源。对矿井主要机电设备中断供电，不仅会影响矿井生产，而且会对矿井和矿井中工作人员的安全构成严重威胁。例如，因突然中断供电而使矿井主通风设备停止运转，会导致井下有害气体的大量聚集，威胁人身安全，使矿井主排水设备停止运转，在涌水量大的矿井中会造成淹井事故。由此可见，为保证矿井安全生产，就必须采取措施，确保矿井和矿井中主要机电设备供电的不中断。

一、矿井供电系统

矿井供电系统是非常重要的一个系统。它是采煤、运输、通风、排水等系统内各种机械、设备运转时不可缺少的动力。由于煤矿企业的特殊性，对矿井的供电系统要求绝对可靠，不能出现

81

随意断电事故。为了保证可靠供电，要求必须有双回路电源同时保证矿井供电。如果某一回路电源出故障，另一回路电源必须立即供电，否则，就会发生重大事故。

矿井供电系统是由双回路电网、矿井地面变电所、井下电缆（井筒）、井下中央变电所、采区变电所、防爆移动变电站、采区配电点以及用于相互供配电用的各类电缆等组成工作面用电点。

除一般供电系统外，矿井还必须对一些特殊用电点实行专门供电，如矿井主要通风机、井底主水泵房、掘进工作面局部通风机、井下各需专门供电的机电硐室等。

（一）煤矿井下各配电电压等级及各种电气设备的额定电压等级

1. 煤矿井下各配电电压

目前，我国煤矿井下各配电电压如下：

① 高压，不应超过 10 000 V；

② 低压，不应超过 1 140 V；

③ 照明、手持式电气设备的额定电压和电话、信号装置的额定供电电压，都不应超过 127 V；

④ 远距离控制线路的额定电压，不应超过 36 V。

2. 井下低压网络的标准电压等级及其相应的平均电压

标准电压（V）为：127，380，660，1 140，3 300，6 000。对应的平均电压（V）为：133，400，690，1 200，3 460，6 300。

计算短路电流时，应按平均电压计算。

（二）矿井供电的一般规定

（1）矿井应有两回路电源，在正常情况下应在运行状态下互为备用，以减少线路损失。当任一回路电源发生故障时，不影响矿井供电。由于电源系统或断电保护等原因不能长期并联运行时，必须采用带电热备用方式。

（2）地面供电线路发生任何故障，至少应有一路电源不中断供电，即两路电源和线路不得同时受到损害，并且任一回路都能担负矿井全部负荷。

(3) 采用一个回路运行时，另一回路应带电热备用，保证已运行回路停电时，能迅速查明停电原因并进行必要的倒闸操作。

(4) 在发生任何故障时，应由值班人员进行必要的操作，迅速恢复一个电源供电，并能担负矿井的全部负荷。

(5) 矿井地面变电所的电能应分别来自电力网中的两个区域变电所和发电厂。

(6) 年产 6 万 t 以下的矿井采用单回路供电时，必须有备用电源；备用电源的容量必须满足通风、排水、提升等要求。

(7) 矿井的两回路电源线路上，不得分接其他负荷。但经有关部门批准后，其中一个回路可不受分接负荷的限制。

(8) 矿井电源线路上严禁装有负荷定量器。

(9) 小型矿井采用 10 kV 以下电压作为矿井架空电源进线时，两回路电源线路不得共杆架设。

(10) 矿井多回路（多于 2 路）电源供电，部分线路可共杆架设，同时遵守下列规定：① 线路不得通过塌陷区；② 共杆架设部分，在任一回路正常运行情况下，另一回路必须具有正常维护和检修条件；③ 共杆架设的线路发生故障停止供电时，其他电源线路仍能担负矿井全部负荷。

(11) 井下各水平中央变（配）电所、主排水泵房和下山开采的采区排水泵房的供电线路，不得少于两回路。当任一回路停止供电时，其余回路应能承担全部负荷的供电。主要通风机、提升人员的立井绞车、抽采瓦斯泵房等主要设备机房，应各有两回路直接由变（配）电所馈出的供电线路，在受条件限制时，其中的一回路可引自上述同种设备机房的配电装置，即绞车与绞车、瓦斯泵与瓦斯泵可互引一回路作为备用。上述供电线路应来自各自的变压器和母线段，线路上不应分接任何负荷。上述设备的控制回路和辅助设备，必须有与主要设备同等可靠的备用电源。

(12) 井下各级配电电压和各种电气设备的额定电压等级，应符合下列要求：① 高压不应超过 10 000 V；② 低压不应超过

1 140 V，③ 照明、手持式电气设备的额定电压和电话、信号装置的额定供电电压都不应超过 127 V，④ 远距离控制线路的额定电压不应超过 36 V。采区机械设备的额定供电电压超过 3 300 V 时，必须制定专门的安全措施。

（13）井下低压配电系统同时存在两种或两种以上电压时，低压电气设备（电动机、变压器、馈电开关、启动器、检漏继电器等）上，应明显地标出其电压额定值。

（14）每一矿井必须备有地面、井下配电系统图，井下电气设备布置示意图和电力、电话、信号、电机车等线路平面敷设示意图，并随着情况变化定期填绘。图中应注明：

①电动机、变压器、配电设备、信号装置、通信装置等装设地点；

②每一设备的型号、容量、电压、电流种类及其他技术性能指标；

③馈电线的短路、过负荷保护的整定值、熔断器熔体的额定电流值以及被保护干线和支线最远点两相短路电流值；

④线路电缆的用途、型号、电压、截面和长度；

⑤保护接地装置的地点；

⑥风流方向。

（15）电气设备不应超过额定值运行。井下防爆电气设备变更额定值使用和进行技术改造时，必须经国家授权的矿用产品质量监督检验部门检验合格后，方可投入运行。

（16）直接向井下供电（包括经过钻孔的供电电缆）的高压馈电线上，严禁装设自动重合闸。手动合闸时，必须事先同井下联系。在井下低压馈电线路上装有可靠的漏电、短路检测闭锁装置时，可采用瞬间 1 次自动复电系统。如果在局部通风机线路上发生故障而停风时，首先必须排除故障，但严禁在停风区内或瓦斯超限的巷道中处理故障，然后按照规程的有关规定执行。

（17）为了防止地面雷电波及井下引起瓦斯、煤尘以及火灾等灾害，必须遵守下列规定：

① 经由地面架空线路引入井下的供电线路（包括电机车架线），必须在入井处装设避雷装置；

② 由地面直接入井的轨道，露天架空引入（出）的管路，都必须在井口附近将金属体进行不少于两处的良好的集中接地；

③ 通信线路必须在入井处装设熔断器和避雷装置。

（18）煤电钻必须设有检漏、漏电闭锁、短路、过负荷、断相、远距离启动和停止煤电钻的综合保护装置。煤电钻综合保护装置在每班使用前必须进行1次跳闸试验。

（19）严禁井下配电变压器中性点直接接地。严禁由地面中性点直接接地的变压器或发电机向井下供电。

（20）一切容易碰到的、裸露的电气设备及其带动的机器外露的转动和传动部分（靠背轮、链轮、胶带和齿轮等），都必须加装护罩，或遮栏，防止碰触危险。

（三）安全用电的通用要求

为了加强井下电气管理，改善井下电气安全状况，减少井下电气事故，消灭失爆现象，杜绝因电气火花造成瓦斯、煤尘爆炸事故。井下供电必须做到"十不准"。

（1）不准带电上下车。

（2）不准甩掉无压释放装置和过流保护装置。

（3）不准甩掉检漏继电器、煤电钻综合保护装置和局部通风机风电、瓦斯电闭锁装置。

（4）不准明火操作、明火打点、明火爆破（图2-29）。

（5）不准用铜丝、铝丝、铁丝代替保险丝。

（6）停风停电的采掘工作面，没有检查瓦斯或瓦斯超过规定时不准送电。

（7）失爆的电气设备和电器不准下井和送电（图2-30）。

（8）不准在井下敲打、撞击和拆卸矿灯。

（9）有故障的电缆线路不准强行送电（图2-31）。

（10）保护装置失灵的电气设备不准使用。

此外，井下供电还应做到"两齐、三无、四有、三全、三坚

电炉子

蜡烛　白炽灯

煤油灯

手电筒

井下严禁明火明电！

打火机

图 2-29　井下严禁明火明电

持"。其具体内容如下：

"两齐"，即电缆悬挂整齐，设备硐室清洁整齐。

"三无"，即无鸡爪子，无羊尾巴，无明接头（图 2-32）。

"五有"，即有螺钉，有弹簧垫，有密封圈，有挡板，有接地装置（图 2-32）。

"三全"，即防护装置全，绝缘用具全，图纸全（图 2-33）。

"三坚持"，即坚持使用检漏继电器，坚持使用煤电钻、照明和信号综合保护，坚持使用风电和瓦斯电闭锁（图 2-34）。

二、电气设备防爆

矿井有瓦斯和煤尘，当瓦斯和煤尘达到一定浓度范围时，遇到足够能量的火花就会发生瓦斯爆炸事故。电气设备正常运行和发生事故都会产生电火花，因此井下电气设备必须是防爆电气设备。防爆电气设备是依据防爆标准设计和制造的。防爆电气设备在具有爆炸危险环境正常运行和发生设计允许故障时都不能发生爆炸事故。

防爆电气设备按适用环境划分为以下两大类。

Ⅰ类：煤矿用防爆电气设备，用于含有甲烷混合物的爆炸

图 2-30 失爆的电气设备不准送电

图 2-31 有故障的电缆线路不准强行送电

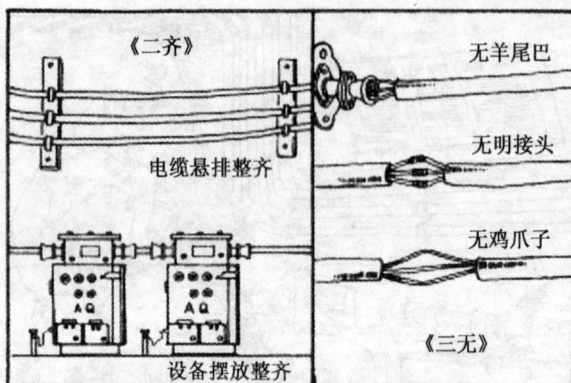

图 2-32 "两齐、三无"

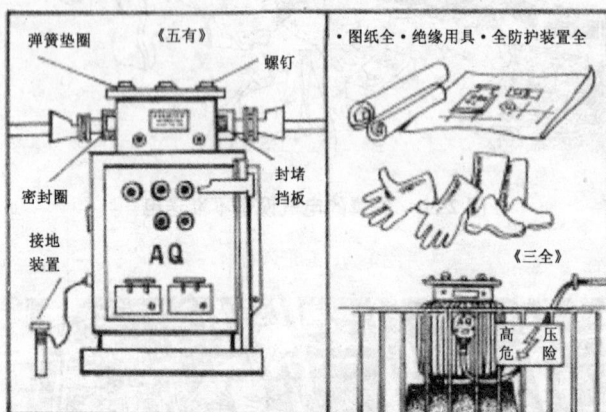

图 2-33 "五有、三全"

环境。

Ⅱ类：工厂用防爆电气设备，用于除甲烷以外有其他爆炸性危险混合物的环境。

防爆电气设备的选型应符合《煤矿安全规程》的规定，如表 2-1 所列。

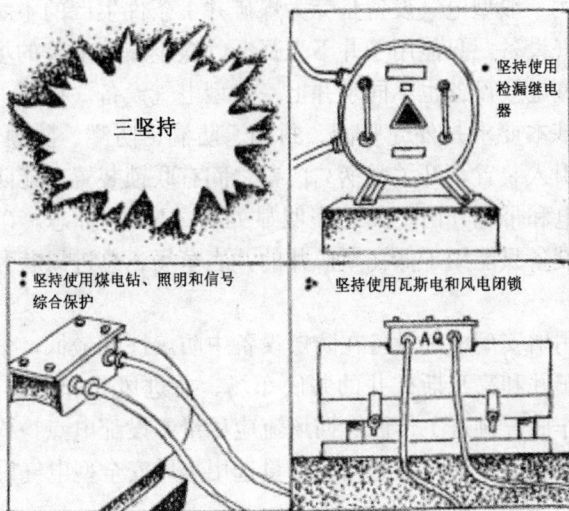

图 2-34　"三坚持"

表 2-1 井下电气设备选用规定

使用场所 类别	煤（岩）与瓦斯（二氧化碳）突出矿井和瓦斯喷出区域	瓦斯矿井				
		井底车场、总进风巷和主要进风巷		翻车机硐室	采区进风巷	总回风巷、主要回风巷、采区回风巷、工作面和工作面进回风巷
		低瓦斯矿井	高瓦斯矿井			
高低压电机和电气设备	矿用防爆型（增安型除外）	矿用一般型	矿用一般型	矿用防爆型	矿用防爆型	矿用防爆型（增安型除外）
照明灯具	矿用防爆型（增安型除外）	矿用一般型	矿用防爆型	矿用防爆型	矿用防爆型	矿用防爆型（增安型除外）
通信、自动化装置和仪表、仪器	矿用防爆型（增安型除外）	矿用一般型	矿用防爆型	矿用防爆型	矿用防爆型	矿用防爆型（增安型除外）

矿用一般型电气设备是专为煤矿井下条件生产的不防爆的一般型电气设备，只能用于井下无瓦斯、煤尘爆炸危险的场所。矿用一般型电气设备也不同于井上一般型电气设备。矿用一般型电气设备基本要求是外壳坚固、封闭、防滴、防溅、防潮性能好；有电缆引入装置，开关手柄与门盖之间有联锁装置，能防止外部直接触电和带电开门。其外壳明显处有"KY"标志。矿用一般型电气设备只能用于低瓦斯矿井的井底车场、总进风巷和主要进风巷。

矿用增安型电气设备在防爆设备中防爆性能最低，只能用于低瓦斯矿井和高瓦斯矿井的井底车场、总进风巷和主要进风巷。采煤工作面、掘进工作面、回风流应尽量不设配电点，检测计量仪表等小型设备和控制回路应尽量选用本质安全型电气设备。

（一）隔爆型电气设备

隔爆型电气设备是具有隔爆外壳的防爆电气设备。隔爆型电气设备必须具有耐爆性和隔爆性能。耐爆性是外壳应有足够的机械强度。隔爆性是指外壳内部发生故障时，产生的火花不能点燃外壳周围爆炸性气体混合物。它的防爆标志为 Ex d Ⅰ。Ex 为防爆总标志；d 符号表示为隔爆型；Ⅰ 符号表示为煤矿用防爆电气设备。该标志读作煤矿用隔爆型防爆电气设备。

隔爆型电气设备之所以能够隔爆，关键是它有一个特制的"隔爆外壳"。这种隔爆外壳具有既能承受其内部爆炸性气体混合物引爆产生的爆炸压力，又能防止爆炸产物穿出隔爆间隙点燃外壳周围的爆炸性混合物。正因为隔爆型电气设备的隔爆外壳具有耐爆性和隔爆性，所以被广泛用于有瓦斯、煤尘爆炸危险的场所。

电气设备的隔爆外壳失去了耐爆性或隔爆性就叫失爆。已经失爆的任何隔爆型电气设备，都不准在有爆炸性危险环境的场所使用。其原因是，如果失爆电气设备内部发生爆炸，必将因外壳损坏而直接引起壳外的爆炸性气体爆炸；或者是从各部缝隙中喷出的高温气体或火焰引起壳外周围爆炸性气体爆炸。这是非常危险的。

煤矿井下常见的电气设备失爆现象有：

（1）由于隔爆接合面严重锈蚀，有较大的机械伤痕，连接螺钉没有压紧使隔爆间隙超过规定要求而造成失爆。

（2）由于外力作用，如砸、压、挤、碰等原因，使隔爆外壳变形或损坏；隔爆外壳上的盖板、接线嘴、接线盒的连接螺钉折断、螺纹损坏；连接螺钉不齐全，使机械强度达不到规定而失爆。

（3）连接电缆没有使用合格的密封圈或没有密封圈，不用的电缆接线孔没有使用合格的封堵挡板或没有挡板而失爆。

（4）接线柱、绝缘套管烧毁，使两个空腔连通，外壳内部爆炸时产生高的压力使外壳损坏，发生失爆。

（5）隔爆外壳焊缝开焊、有裂纹而失爆。

（二）增安型电气设备

增安型是对在正常运行条件下不会产生电弧或火花的电气设备进一步采取措施，提高其安全程度，防止电气设备产生危险温度、电弧和火花的可能性的防爆形式。此种防爆形式适用于电动机、变压器、照明灯具等一些电气设备。煤矿用增安型防爆电气设备用 Ex e I 符号表示。

（三）本质安全型电气设备

本质安全型电气设备是由本质安全电路组成的电气设备。本质安全电路是指在规定的试验条件下，正常工作或规定的故障条件下产生的电火花和热效应均不能点燃规定的爆炸性混合物的电路。全部电路都是本质安全型电路的电气设备为单一式本质安全型电气设备，局部电路为本质安全型电路的电气设备为复合式本质安全型电气设备。目前井下用得最多的复合式本质安全型电气设备是隔爆兼本质安全型电气设备。煤矿用本质安全型防爆电气设备用 Ex i I 符号表示。

三、矿用电缆悬挂注意事项

（1）在水平巷道或倾角小于 30°的斜巷中，电缆应用吊钩悬挂。

（2）电缆悬挂的高度应保证其在矿车行驶和掉道时不被撞压，在电缆坠落时不落在轨道或输送机上。

（3）电缆不应悬挂在风管或水管上。电缆上严禁悬挂任何物件。悬挂的电缆不得遭受淋水。

（4）电缆悬挂点的间距，在水平和倾斜巷道中不得超过 3 m。

（5）盘圈或盘成"8"字形的电缆不得带电，但给采掘机组供电的电缆不在此限。

（6）井下作业人员都要爱护电缆，不得用大块煤（矸）或其他物件砸、压及埋压电缆，避免用镐刨着电缆，人不能坐在电缆上。

井电电缆放炮的主要原因如图 2-35 所示。

【案例】河南省郑州市某煤业有限公司井下机电管理混乱，使用非阻燃电缆，且电缆未按规定悬挂，而是盘放在巷道内。2010 年 3 月 15 日 20：30 左右，该矿井西大巷第一联络巷处电缆着火，火势迅速扩大，引燃巷道木支架及煤层，产生大量一氧化碳等有毒有害气体，并沿进风流进入采煤工作面，造成 25 人中毒窒息死亡。

四、井下电网保护

（一）井下电网"三大保护"

为了保证井下低压供电安全，必须装置漏电、接地、过流三大保护。

（1）漏电保护。煤矿井下电气事故大多数是因绝缘下降造成相间短路或接地（碰壳）等故障引起的，由于电气的故障极易造成触电或引起瓦斯、煤尘爆炸的危险，因此当绝缘下降到有危险

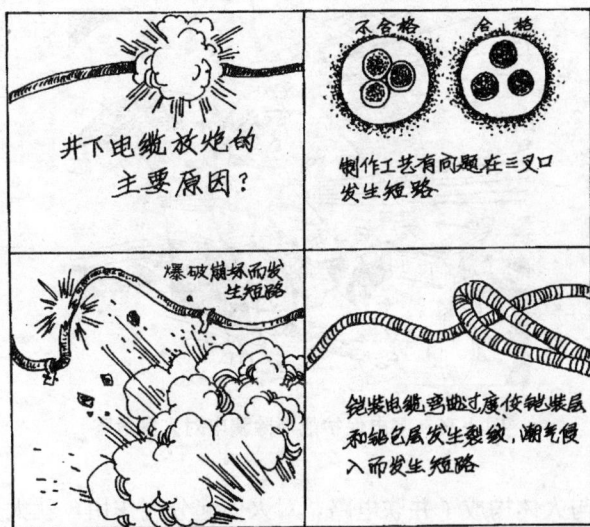

图 2-35　井下电缆放炮的主要原因

的程度时，能自动切断电源，找出隐患，就能避免事故，保证安全用电。目前我国煤矿井下广泛采用检漏继电器，作为绝缘监视和漏电保护装置。

漏电保护是指低压电网电源中检查漏电的保护装置。其主要作用有两方面：一是监视电网的绝缘程度，以便进行预防性检修；二是当电网发生漏电或人身触电事故时，能在允许的时间内将总馈电开关自动切断，以保安全（图 2-36）。实践证明，这是保证井下安全生产行之有效的措施。

（2）保护接地。把电气设备中所有正常情况下不带电的金属外壳和构架，导线与埋在地下的接地极连接起来，称为保护接地。

如果电气设备漏电碰壳，设备的金属外壳就会带电。在没有保护接地的情况下，人触及带电的金属外壳后，电流会全部通过人体。当设有保护接地后，如果有人触及带电的金属外壳，因接

图 2-36 漏电保护能消除漏电对人身危害

地装置与人体构成了并联电路，对人体起分流作用，就大大减少了通过人体的电流，从而减少了人体触电时的危险，如图 2-37所示。

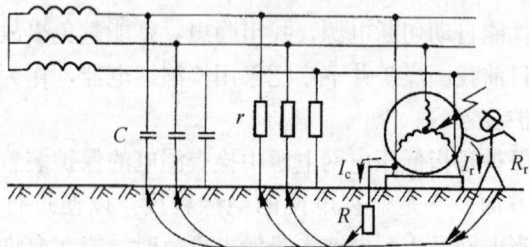

图 2-37 有保护接地时人体触电示意图

总之，设置保护接地的目的是防止设备因漏电而使外壳带电时发生人身触电事故和降低引起瓦斯、煤尘爆炸的可能性。

（3）过流保护。过流是过电流的简称，是指流过电气设备或电缆的电流超过正常允许值。过流可分为允许过流和不允许过流两种，通常所说的过流是指不允许过流。

常见的过流故障有短路、过负荷和断相三种。

井下电网中由于某种原因发生短路、过负荷（过载）或断相都可能造成电气设备或电缆发热，当发热超过允许限度将引起绝缘损坏，烧毁电气设备（包括电缆着火燃烧），甚至引起井下火灾或瓦斯、煤尘爆炸事故。

为了确保矿井安全生产，除在井下低压网路上采用保护接地和装设漏电保护装置外，还必须装设过流保护装置（如熔断器、过流继电器等）。过流保护的作用是：当电网中某一线路发生过流时，有选择性地自动切断故障部分电源，防止过流造成的危害。

（二）井下电气设备综合保护器

1. 电动机综合保护器

电动机综合保护器是一种以电子器件为基础的保护装置，是能对电动机实现过负荷保护、断相保护、短路保护和漏电闭锁功能的保护装置。

2. 煤电钻综合保护器

煤电钻是采掘工作面的打眼工具。由于井下工作条件差，煤电钻电缆极易碰伤、砸坏，造成 127 V 系统短路或漏电故障。为了防止这些故障引起触电、火灾、引爆事故，必须使用煤电钻综合保护器。煤电钻综合保护器具有短路、过载、漏电保护和闭锁保护装置，还有远距离启动和停止煤电钻工作的功能。

3. 127 V 照明信号综合装置

照明信号综合装置用于煤矿井下 127 V 照明及信号负载的供电，电源控制以及短路、漏电保护。

第六节　爆破安全基础知识

一、井下爆破安全的重要性

井下煤破作业是煤矿生产的一项十分重要的工序，直接影响到人身安全和煤矿正常生产，是实现煤矿安全生产的重要环节。

违章爆破作业主要有以下四方面的危害。

（1）直接由井下爆破作业本身造成的事故，如爆破崩人、炮烟熏人、爆破崩倒支架造成冒顶埋人等。

（2）因爆破而诱发的其他类型事故，如爆破引发瓦斯煤尘爆炸、爆破引起透水等。据统计，2005 年全国煤矿一次死亡 10 人以上特大事故中，由爆破诱发瓦斯和透水事故占 39.7％。

（3）由于爆破崩坏刮板输送机、崩破电缆、崩歪崩倒支架而影响生产事故。

（4）由于爆破材料保管不当而发生炸药燃烧、爆炸，使人员被烧伤或中毒窒息伤亡。

【案例】某矿井下 1 号炸药存放点存放的非法私制硝铵炸药自燃后，引燃炸药存放点内木料及附近巷道内的塑料网、木支护材料、电缆等，产生高温气流和大量的一氧化碳等有毒有害气体，导致井下作业人员灼伤和中毒窒息伤亡。此次事故共造成死亡 49 人、受伤 26 人（其中重伤 9 人），直接经济损失 1 803 万元。

二、煤矿井下常用的炸药

煤矿井下常用的炸药有：

（1）岩石铵梯炸药（包括抗水岩石铵梯炸药）和煤矿铵梯炸药（包括抗水煤矿铵梯炸药）。

（2）水胶岩石炸药和水胶煤矿炸药。

（3）乳化岩石炸药和乳化煤矿炸药。

（4）被筒炸药。

（5）离子交换炸药。

（6）粉状高威力炸药。

三、煤矿许用炸药的合理选用

根据《煤矿安全规程》规定，井下所使用的煤矿许用炸药应由矿总工程师按矿井和爆破工作面所处区域的瓦斯等级合理选用，并符合下面的规定：

（1）低瓦斯矿井的岩石掘进工作面，必须使用安全等级不低于1级的煤矿许用炸药。

（2）低瓦斯矿井的煤层采掘工作面必须使用安全等级不低于2级煤矿许用炸药。

（3）高瓦斯矿井、低瓦斯矿井的高瓦斯区域，必须使用安全等级不低于3级的煤矿许用炸药。有煤岩与瓦斯突出危险的工作面必须使用安全等级不低于3级的煤矿许用含水炸药。

（4）不得使用冻结或半冻结的硝化甘油类炸药。

四、铵梯炸药的组成

铵梯炸药的组成成分及其作用如下。

1. 硝酸铵

硝酸铵是铵梯炸药的主要成分，含量一般在65％～85％之间。它的作用是氧化剂，爆炸后无固体残留物，能生成最大容积的气体。

2. 梯恩梯

梯恩梯在铵梯炸药中含量为7％～18％。它的作用是敏化剂，可以提高铵梯炸药的威力，改善传爆性能，与氧化剂硝酸铵相辅相成，弥补硝酸铵的不足。

3. 木粉

木粉的作用是可燃剂，可以平衡硝酸铵中多余的氧；也可以作为疏松剂，起到阻止硝酸铵结块的作用。

4. 石蜡和沥青

石蜡和沥青的作用都是防潮剂，可以降低硝酸铵的吸湿度，提高炸药的抗水性能。石蜡和沥青还是炸药中的可燃剂和疏松剂。

5. 食盐

食盐的作用是消焰剂和阻化剂。它是一种惰性物质，不参加爆炸反应。它能吸收爆热，降低爆温，起到抑制爆炸的消焰剂作用。

上述成分中，硝酸铵、梯恩梯和木粉是铵梯炸药的必要成分，其他成分则根据需要而定。例如，抗水铵梯炸药需要另加石腊和沥青，煤矿许用炸药则另加食盐。

五、电雷管

电雷管是利用电能激发爆炸的。

（1）瞬发电雷管。瞬发电雷管指的是通入足够电流，能在瞬间（约 10 ms）引起爆炸的雷管。它由管壳，正、副起爆药和发火装置构成。通电后桥丝产生高热，由于桥丝插入到对火焰感度很高的正起爆药中，因此，引起正起爆药立即爆炸，并引起副起爆药爆炸。

（2）秒延期电雷管。秒延期电雷管指的是通入足够的电流后，在 0.5～1 s 间隔时间内爆炸的雷管。它在电桥丝与起爆器之间加了一段导火索作为延期装置（缓燃剂）。秒延期电雷管只能用于无瓦斯和煤尘爆炸危险的工作面。

（3）毫秒延期电雷管。毫秒延期电雷管指的是通入足够的电流后，在若干毫秒间隔时间内爆炸的雷管。毫秒延期电雷管分为普通型和煤矿许用型两种。如图 2-38 所示，煤矿许用型毫秒延期电雷管是在猛炸药中加入消焰剂，还将延期药装入铅延期体的 5 个细管的加厚管壁中，从而解决了不安全因素。

（4）抗杂散电流雷管。

抗杂散电流雷管分为以下两种。

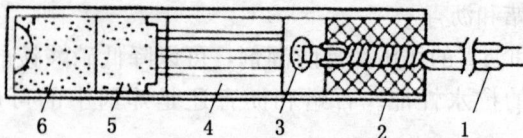

1—脚线；2—铜管壳；3—引火药头；4—铅延期体；

5—正起爆药；6—副起爆药

图 2-38　煤矿许用毫秒延期电雷管

① 低阻桥丝式抗杂散电流毫秒电雷管。其结构与普通毫秒电雷管相同，只是用电阻很小的紫铜丝作为桥丝，有较好的抗杂散电流的能力。

② 无桥丝抗杂散电流毫秒电雷管。它不能用动力电源和一般起爆器起爆，要用专门设计的起爆器起爆。

六、井下爆破安全注意事项

（1）井下爆破工作必须由专职的爆破工担任。

爆破工必须经过专门培训，取得特种作业操作资格证书，持证上岗。在爆破作业中必须严格执行《爆破安全规程》和《爆破作业说明书》。

【案例】某煤矿副井＋350 m 水平南大巷回收通风上山煤柱爆破时，由于爆破地点与通风上山间的煤柱太小，且煤柱受开采影响，煤体已破坏松动，起爆后冲击波突破孔底煤柱，冲向通风上山。爆破工躲炮时正对炮眼孔底方向，受爆破冲击波冲击，造成重度脑外伤致死。

（2）爆破材料人力运输安全事项。

① 电雷管必须由爆破工亲自运送（图 2-39）。炸药应由爆破工或在爆破工的监护下由其他工人运送。

② 爆破材料要轻拿轻放，严禁冲撞、抛掷和乱扔。

③ 人力运送爆破材料时背药工在前，爆破工在后，相距大于 10 m，但必须在视线范围内，沿途不得逗留或做其他工作。

④ 严禁使用输送机运送爆破材料。

⑤ 工作面爆破材料存放点距爆破点大于 100 m，且要求顶板完好、支架完整、通风良好、无淋水和无电气设备。

（3）认真执行"一炮三检制"。

必须在工作面装药前、爆破前和爆破后都检查爆破地点附近 20 m 范围内的瓦斯浓度。按照《煤矿安全规程》规定，当瓦斯浓度超过 1‰ 时，不准使用煤电钻打眼，不准装药（图 2-40）。

（4）严格执行"三人联锁爆破制"。

图 2-39 电雷管必须由爆破工亲自运送

图 2-40 瓦斯浓度超过 1%时，不准使用煤电钻打眼

　　班长、瓦斯检查工和爆破工三人在爆破作业全过程中都要密切配合，并执行换牌制度，执行"三人联锁爆破制"（图 2-41）。

图 2-41 执行"三人联锁"爆破制

（5）坚持"十不准"爆破原则。

① 工作面工具未收拾好，机电设备和电缆未加以保护时，不准爆破。

② 工作面未检查瓦斯浓度或 20 m 范围内瓦斯浓度达到 1%时，不准爆破。

③ 在有瓦斯煤尘爆炸危险的煤层工作面 20 m 范围内未清扫煤尘或洒水除尘时，不准爆破。

④ 工作面风量不足时，不准爆破。

⑤ 工作面安全出口不安全、不畅通，工作面顶板支架不完整、煤壁片帮、有伞檐等不安全隐患时，不准爆破。

⑥ 爆破母线长度不够或未吊挂好时，不准爆破（图 2-42）。

⑦ 所有人员未撤离到警戒线以外的安全地点，未清点好人数、未设好警戒岗哨时，不准爆破（图 2-43）。

⑧ 不执行一次装药，一次爆破时，不准爆破。

⑨ 不使用爆破器或在一个工作面同时使用两台及以上爆破器时，不准爆破。

⑩ 不发出三声爆破信号时，不准爆破。

（6）正确处理拒爆现象。

图 2-42　爆破母线长度不够或未吊挂好时，不准爆破

图 2-43　未设好警戒岗哨不准爆破

通电起爆后，工作面的雷管全部或少数不爆的现象称为拒爆。

通电以后装药炮眼不响时，爆破工必须先取下把手或钥匙，并将爆破母线从电源上摘下，扭结成短路，再等一定时间（使用瞬发电雷管至少等 5 min；延期电雷管至少等 15 min）后，才可沿线检查，找出拒爆的原因。

处理拒爆（包括残爆）必须在班（组）长直接指导下进行，并应在当班处理完毕。如果当班未能处理完毕，爆破工必须在现场向下一班爆破工交接清楚。

处理拒爆的正确操作方法如下：

① 由于连线不良，可重新连线起爆。

② 在距拒爆炮眼至少 0.3 m 处另打与拒爆炮眼平行的新炮眼，重新装药起爆（图 2-44）。

300 mm

拒爆

处理拒爆

图 2-44 处理拒爆的方法

③ 严禁用镐刨或从炮眼中取出原放置的起爆药卷或从起爆药卷中拉出电雷管；严禁将炮眼残底（无论有无残余炸药）继续加深；严禁用打眼的方法往外掏药；严禁用压风吹这些炮眼。

④ 处理拒爆的炮眼爆炸后，爆破工必须仔细地检查炸落的煤、矸，收集未爆的电雷管。

⑤ 在拒爆处理完毕以前，严禁在该地点进行与处理拒爆无关的工作。

【案例】某煤业有限责任公司位于一号井主井筒东南翼 S176 工作面发生爆破事故，造成死亡 1 人、轻伤 2 人。该工作面采用走向长壁全部垮落法开采方式。炮采工作面的支护型式为 2.5 m 单体液压支柱，配合钢梁架设两梁五柱，走向对棚，交替迈步，三四排管理顶板。

采煤工吴某某、马某某发现作业地点有一个炮眼拒爆，半节炸药外露，造成煤壁顶部有伞檐，影响主梁到位。为了把主梁挑到位，吴某某在用手镐刨伞檐的过程中，此处煤壁伞檐内的拒爆炮眼内炸药爆炸，将正在清理伞檐的吴某某炸伤，经抢救无效死亡；飞出去的煤块将配合挑梁的马某某左脸部擦伤，将升卸载支柱的杨某某左耳擦伤。

第七节　巷道掘进

为了采出煤炭，必须从地面向地下开掘一系列的井巷。井巷种类很多，也有不同的分类方法。根据巷道的类别和作用，井巷的施工方法和支护形式也不尽相同。

一、巷道分类

（一）按其空间位置分

1. 垂直（直立）巷道

（1）立（竖）井。它有通达地面出口，是进入地下的主要垂直巷道（图 2-45 中 1），一般位于井田中部。担负矿井主要提煤任务的立井称主井；担负人员升降、运料和提矸石等辅助提升任务的立井称为副井。

（2）小井。它有通达地面的出口，但断面和深度较小，一般在井田上部边界，只作为地质勘探或临时提升以及通风等用（图 2-45 中 2）。

（3）暗井（盲井）。它没有直接通达地面的出口的垂直巷道（图2-45中3）。根据所担负任务的不同，暗井可分为主暗井、副暗井、溜煤井（图2-45中4）。

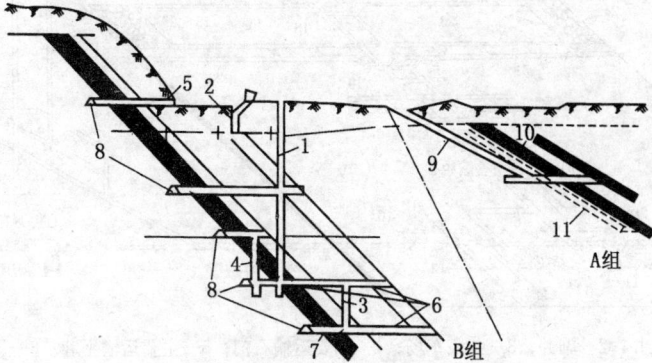

1—立井；2—小风井；3—暗井；4—溜煤井；5—平硐；6—石门；
7—煤门；8—平巷；9—斜井；10—上山，11—下山

图2-45　矿井巷道

2. 水平巷道

（1）平硐。它有一个通达地面的出口，是进入地下的主要水平巷道（图2-45中5）。平硐一般除运煤外，还兼作运料、行人、通风、供电和排水等用。

（2）平巷。它没有通达地面的出口，在煤层中或岩层中沿走向所开掘的（5°以下坡度）巷道。平巷一般有集中运输平巷（图2-46中8）、主要运输平巷（图2-46中5）、区段运输与回风平巷（图2-46中20、21、23）等。

（3）石门。它设有通达地面的出口，在岩层中开掘的垂直或斜交岩层走向的水平巷道。石门一般有联络石门（图2-46中6）、运输石门（图2-46中4、9）、回风石门（图2-46中7、17）等。

（4）煤门。它设有通达地面的出口，在煤层中开掘的垂直或斜交煤层走向的水平巷道（图2-45中7）。

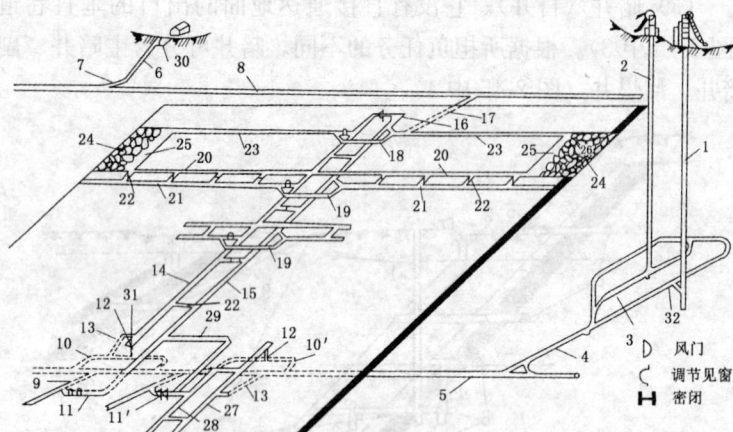

1—主井；2—副井；3—井底车场；4—主要运输石门；5—主要运输平巷；6—风井；
7—主要回风石门；8—主要回风平巷；9—采区运输石门；10—采区下部装车煤场；
10'—下山采区上部装煤车场；11—采区下部材料车场；11'—下山采区上部运料
车场；12—采区煤仓；13—行人入风巷；14—运输机上山；15—轨道上山；16—
上山绞车房；17—采区回风石门；18—采区上部车场；19—采区中部车场；
20—区段运输平巷；21—下区段回风平巷；22—联络眼；23—区段回风
平巷；24—开切眼；25—回采工作面；26—采空区；27—输送机下山；
28—轨道下山；29—下山回风联络巷；30—气风硐

图 2-46 矿井巷道示意图

3. 倾斜巷道

（1）斜井。它有一个通达地面的出口，是进入地下的主要倾斜巷道（图 2-45 中 9）。其用途与立井相同。

（2）上山。它设有通达地面的出口，且位于开采水平之上，沿煤层或岩层从主要运输大巷由下向上开掘的倾斜巷道。上山可分为输送机上山（图 2-46 中 14）和轨道上山（图 2-46 中 15）。

（3）下山。它的位置和开掘顺序与上山相反。溜煤下山、输送机下山（图 2-46 中 27）是向上运煤，轨道下山（图 2-46 中 28）是从上向下运料，除此之外其他与上山相似。

（4）倾斜巷道还有溜煤眼和开切眼等。

4. 硐室

井下生产系统的构成，还必须设置一定数量的硐室。硐室实际上就是长度较小，断面较大的特殊巷道，一般有变电所、水泵房、火药库、电机车库、候车室等。

（二）按巷道的用途和服务范围分

1. 开拓巷道

为全矿井或一个开采水平服务的巷道称为开拓巷道，如井筒、井底车场，回风井，主要石门飞主要运输和向风平巷等。

2. 准备巷道

为一个采区或两个以上的回采工作面服务的巷道称为准备巷道，如采区车场、采区煤仓、采区上（下）山、区段集中平巷、区段集中石门等。

3. 回采巷道

为一个回采工作面服务的巷道称回采巷道，如区段车场、区段运输和回风平巷、工作面开切眼等。

二、爆破掘进

爆破掘进是利用打眼爆破的方式将岩石破碎下来的掘进方法。

（一）钻眼爆破

钻眼爆破法主要工序是钻眼、爆破、装煤矸、支护等。它是我国煤矿掘进工作面目前应用最广泛的一种方法，但是工人劳动强度较大，掘进速度较低。

1. 掘进工作面炮眼布置

根据掘进工作面炮眼所起的主要作用和所处的位置不同，可将掘进工作面炮眼分为掏槽眼、辅助眼和周边眼三类。掘进工作面炮眼布置如图 2-47 所示。

（1）掏槽眼。

掏槽眼在破煤（岩）爆破中所起的主要作用是形成新的、更多的自由面，为之后爆破的其他炮眼提高爆破效果创造有条件。

107

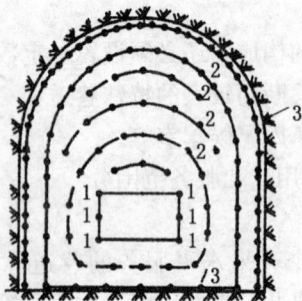

1—掏槽眼；2—辅助眼；3—周边眼

图 2-47 掘进工作面炮眼布置图

因此，它对掘进工作面工常进尺起着决定性作用。

由于掏槽眼受到周围煤（岩）体的挤压作用，一般炮眼利用率为 80% 左右，故掏槽眼深度要比其他炮眼深度加深 200～300 mm。

常用的掏槽眼按其与工作面夹角不同分为斜眼掏槽（图 2-48）、直眼掏槽和混合掏槽三种形式。

（2）辅助眼。

辅助眼又叫崩落眼，它布置在掏槽眼和周边眼之间。

辅助眼的作用是大量破碎崩落煤（岩），形成一定空间，并为周边眼的爆破创造新的自由面，提高周边眼爆破效果。

辅助眼垂直工作面均匀布置，眼距一般为 500～600 mm。

（3）周边眼。

周边眼包括顶眼、帮眼和底眼。它对控制巷道成形非常重要。

按照光面爆破的要求，炮眼外口应布置在巷道设计轮廓线上。但为了便于钻眼，炮眼稍向巷道设计轮廓线以外偏斜一定角度，眼底落在轮廓线以外距离不超过 100～150 mm。

底眼外口应布置在巷道设计底板水平以上 150 mm 左右；炮眼稍向下倾斜，以眼底落在底板水平以下 150～200 mm 左右

(a)　　　　　　　　　　(b)

(c)

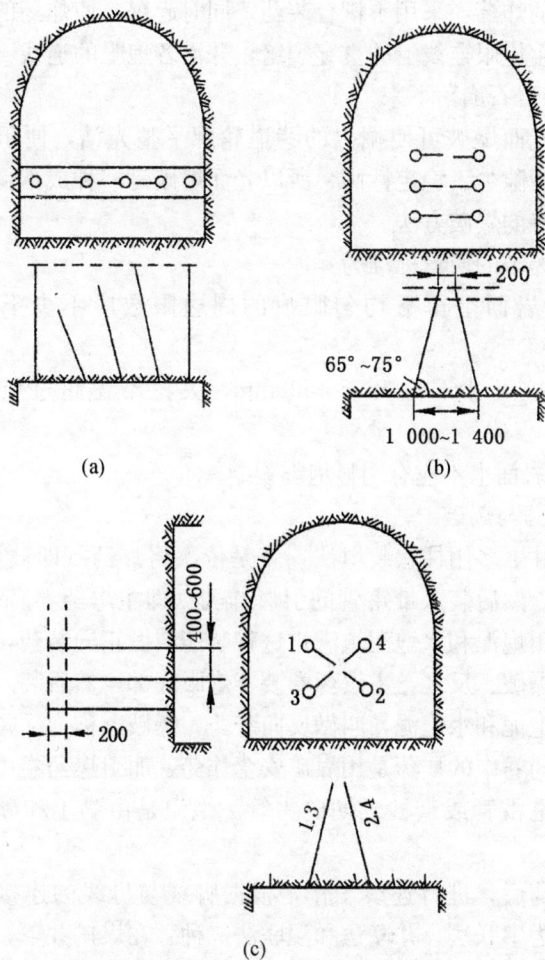

（a）扇形掏槽；（b）楔形掏槽；（c）锥形掏槽

图 2-48　斜眼掏槽

为准。

2. 光面爆破

光面爆破的实质，是在井巷掘进设计断面的轮廓线上布置间距较小、相互平行的炮眼，控制每个炮眼的装药量，选用低密度和低爆速的炸药，采用不耦合装药，同时起爆，使炸药的爆炸作用刚好产生炮眼连线上的贯穿裂缝，并沿各炮眼的连线（井巷轮廓线），将岩石崩落下来。

应用光面爆破可使掘出的巷道轮廓平整光洁，便于锚喷支护，岩帮裂隙少、稳定性高。所以光面爆破是一种成本低、工效高、质量好的爆破方法。

光面爆破的质量标准为：

① 围岩面上留下均匀眼痕的周边眼数应不少于其总数的 50%；

② 超挖尺寸不得大于 150 mm，欠挖不得超过质量标准规定；

③ 围岩面上不应有明显炮震裂缝。

3. 装药与爆破

煤矿井下多用柱状装填法，就是依次将炸药（即被爆药卷）装入眼底，然后装入带雷管的引爆炸药（即主爆药卷），最后将空余空间用炮泥和水炮泥填满，这种装药叫做正向装药，爆破上称为正向爆破。反之，主爆药卷装于炮眼底部，然后装入被爆药卷，填上炮泥和水炮泥，叫做反向装药，爆破上称为反向爆破。

被爆药卷中的炸药是用煤矿安全炸药，而引爆药卷中的电雷管为瞬发电雷管或毫秒延期电雷管。炮泥是由黏土和砂子按照 1:3 制成。

装好药后，进行连线工作，根据脚线与母线的连接方法不同，可分为串联法、并联法和混联法三种。在煤矿井下，一般用串联法，只有在少数特殊情况下才用其他连线法。

连好线后，即可用起爆器进行爆破工作了。从装药到爆破都须由专职爆破工去做。

（二）装岩（煤）

掘进工作面炮烟排除后，才能进入。先对爆破后的顶板及支架进行安全检查，敲帮问顶、处理活石后，才能开始装岩工作。

炮掘工作面的装岩（煤）有人工装岩和机械装岩两种方式。

人工装岩是用人力将岩石装入矿车或刮板输送机。现在，炮掘工作面的装岩（煤）一般都用机械装岩。装岩机械有耙斗装岩机、铲斗装岩机和装煤机等。

在岩巷掘进中，一般是由装岩机将岩石装入矿车，然后成列拉走。

（三）运输

炮掘工作面的运输设备有刮板输送机、矿车等。在煤巷掘进中可用刮板输送机，也可用矿车运输；在岩巷掘进中，用矿车运输。矿车运行依靠人力推车、调度绞车、蓄电池机车牵引几种方式。

（四）掘进巷道支护

巷道开掘成形后，要根据围岩的性质进行支护，否则，会出现巷道围岩变形，甚至冒顶，影响其使用。

1. 巷道断面形状

巷道断面的形状由围岩性质、井巷用途、服务年限和支护方式来决定，主要有拱形断面、圆形断面、梯形断面和矩形断面等。

2. 巷道支护材料

井巷的支护材料，由井巷压力的大小和断面共同来决定，主要有：锚杆支护、锚索支护、喷浆支护、金属支架和料石或砖砌碹支护等。

（1）木支护。木支护在井下使用得最早也最广泛。它具有重量轻，加工方便，运输、架设容易以及具有一定强度的优点，但有易腐、易燃、服务年限短的缺点。木材支架主要是梯形棚子。

（2）砌碹支护是支护形式中最有力的支护形式。支护的材料有料石、混凝土。砌碹支护一般用于服务年限长的开拓巷道及主要硐室。

（3）锚杆支护。锚杆支护目前是我国国有煤矿采用最多的支护形式。它具有支护成本低廉、效果良好等优点。目前在我国煤矿井下使用的锚杆有木锚杆、竹锚杆、钢丝绳锚杆、金属管缝式锚杆、钢筋锚杆和玻璃钢锚杆。各种锚杆的锚固方式不同，但支护原理及效果基本一致。锚杆支护的配套形式有锚喷支护、锚网支护、锚网喷支护、锚梁支护、锚杆钢带支护等。这些配套形式拓宽了锚杆支护的使用范围。

三、综合机械化掘进

综合机械化掘进方法是由掘进机、转载机、输送机和锚杆机等组成的综合性配套技术。该方法可以实现巷道掘进、转载、运输、支护机械化作业。掘进机在巷道内的布置如图 2-49 所示。

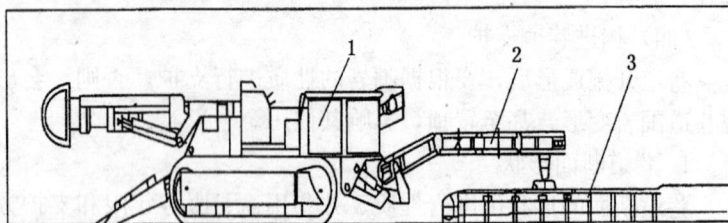

1—掘进机；2—桥式转载胶带机；3—带式输送机

图 2-49　掘进机在巷道内的布置

这种方法工人劳动强度较低，掘进速度高，是我国煤矿掘进技术的发展方向（图 2-50）。

综合掘进机有煤巷掘进机和岩巷掘进机两类。目前，煤巷综合掘进机在我国个各大矿区广泛应用。

综合机械化掘进工艺为：

（1）破煤。综掘机在工作面破煤（岩）是靠镶有截齿的截割头转动来完成的。截割头和截割臂连为一体。截割臂由液压缸控制，可在工作面左右、上下移动，截割出各种形状的巷道。

（2）装煤及运输。掘进工作面的煤被截割下来以后，落入巷道底部，在掘进机下部有耙爪，截割头破煤的同时，耙爪不断地把煤耙入掘进机的刮板输送机内，转运到后面的胶带输送机上运

图 2-50　综合机械化是我国煤矿掘进技术发展方向

出工作面。

（3）掘进机的行走机构。掘进机为履带行走机构，由司机操作自行向前移动。

四、掘进作业安全操作事项

（1）操作前要坚持敲帮问顶，及时处理浮掉，严禁空顶作业。

（2）使用煤电钻打眼时不准硬压硬推，以免烧坏煤电钻电动机。

（3）打眼时扶钻杆的人员不准戴手掌，袖口和衣襟要扎紧，以免缠住伤人。

（4）打眼时发现眼中有水、气、空洞和冒烟等现象时，要立即停止作业并向领导报告，但不能拔出钻杆。

（5）块度过大的煤（矸）要砸小后再装车。

（6）在下山装车时，人不准站在矿车正下方，装完车后应进入躲避硐室或其他安全地点。

（7）在机械装岩（煤）范围内不能行人、逗留或从事其他工作。人员若要通过此处，必须停机。

（8）人力推车时，一次只准推一辆车；严禁在矿车两侧推车；严禁蹬车和飞车；不得在能自动滑行轨道上停车，若必须停放时，一定有防止车辆自动下滑的措施；推材料时必须将材料捆绑牢靠，但不得超高超宽。两人同时推车的间距应符合规定。

（9）在顶板破碎处作业时，必须采取前探支架或其他临时支护措施。

（10）架设支架时设专人观山。支架应迎山有劲，支架间应设撑木或拉杆，支架与顶帮之间的空隙必须塞紧、背实。

（11）严格按方向线施工。

（12）支架卡缆拧紧力矩必须符合作业规程规定。

（13）支架间应设牢固的撑木或拉杆，规格数量应按作业规程规定执行。

（14）水平巷道支架杜绝前倾后仰；倾斜巷道支架迎山角符合作业规程要求。

（15）柱窝做到实底，否则穿鞋。

（16）工作面爆破前，迎头往外 10 m 范围内必须使用防倒装置进行加固支架。

（17）炮掘时必须使用金属前探梁，前探梁必须及时、有效。

（18）永久支架至迎头煤壁最大控顶距离不大于设计棚距加 0.3 m。

（19）锚网巷道巷帮应平直。

（20）铺网要铺平绷紧，不出网兜，网之间搭接不少于 100 mm。

（21）锚杆钻孔时要按设计要求定位，锚杆孔深和角度应符合设计要求。

（22）锚杆应具有一定的预紧力，拧紧力矩应达到设计要求。

（23）锚索预紧力要达到 100 kN 以上，有特殊规定时，要在

114

作业规程中明确。

(24) 修复支架必须先检查顶帮，并由外向里逐架进行。

(25) 掘进巷道在揭露老空前，必须有预防冒顶、透水、涌出瓦斯和引发火灾的措施。

第八节 采煤工艺

所谓采煤工艺是人们根据回采工作面煤层赋存条件，运用某种技术装备进行生产的方式。回采工作面内破煤、装煤、运煤、支护及处理采空区等各种工序进行的顺序和配合方式称为回采工艺过程。在破、装、运、支、处五个工序中，前三者是为了把煤采出来，简称"采"，后两者是为了控制顶板，简称"控"。由于采煤工作面机械化程度不同，采煤工艺分为炮采、普通机械化采煤、综合机械化采煤和综采放顶煤采煤。

一、采煤方法

采煤的基本工序是：破煤、装煤、运煤、支柱和回柱放顶。由于使用的采煤工艺和支护设备不同，采煤工作面分为三种类型。

(一) 炮采

炮采工艺过程包括打眼、爆破落煤和装煤、人工装煤、刮板输送机运煤、移置输送机、人工支设支架和回柱放顶等主要工序。

1. 爆破落煤

爆破落煤由打眼、装药、填炮泥、连炮线及爆破等工序组成。按照规定的炮眼布置方式用煤电钻打眼后，装入煤矿许用安全炸药及煤矿许用电雷管起爆，把煤从煤壁上崩落下来。

(1) 工作面炮眼布置。炮采工作面炮眼布置根据煤层的采高、硬度及顶板岩性而定。炮眼布置形式一般有间排眼、平行眼、三花眼和五花眼等。

（2）装药爆破。采煤工作面炮眼打好后，就可以装药。炮眼装药结构有两种：一种叫正向装约，用于有瓦斯煤尘爆炸条件下；另一种叫反向装药，一般在没有瓦斯煤尘爆炸条件下方可使用。

炮眼装药完成后，爆破工就开始连线，各炮眼一般都采用串联方式。连线完成后，将人员撤至安全地点，设好爆破警戒便可以爆破。随着爆破声响煤就被崩下来，从而完成落煤工序。

2. 装煤与运煤

工作面爆破结束，装煤人员就可以进入装煤点攉煤了。人工装煤前必须首先检查爆破后的顶板及支架，进行敲帮问顶、处理活石，然后控制顶板，才能开始攉煤。装煤中要随时注意煤帮、顶板，防止片帮、掉矸伤人。不能把大块煤矸装入刮板输送机，应人工破碎后再装入输送机。

炮采面爆破后，一部分煤会自行装入输送机，再由人工将其余部分煤扒入输送机，余下的底部松散煤可以靠大推力千斤顶的推移，用输送机煤壁侧的铲煤板装入输送机，将煤运入顺槽转载机后经胶带输送机运出工作面。

3. 支护

炮采正作面通常采用 SGW—40 或 SGW—44 型可弯曲刮板输送机运输。它是炮采面唯一完整实现了机械化的工序。移置输送机时，常从工作面的一端向另一端依次推移。

炮采工作面通常采用金属摩擦（或单体液压）支柱和铰接顶梁支护，其布置形式主要有正悬齐梁直线柱和正悬臂错梁三角柱。

4. 采空区处理

工作面煤被采出后，必须对采空区后方的顶板进行处理，否则，就不能保证工作面安全生产。采空区处理方法根据煤层开采条件一般有三种，即全部垮落法、充填法、缓慢下沉法。通常都采用全部垮落法，即当工作面达到最大控顶距时，回收采空区一侧1～2排固定柱，使顶板自然垮落。

当工作面使用木支护时，回柱放顶方法是采用回柱绞车回撤支柱。当工作面使用金属支柱或单体液压支柱时，通常用人工回柱，有时支柱钻底或被垮落碎矸石埋住，需辅以拔柱器。回柱应按由下而上、由采空区向煤壁方向的顺序进行，并应遵守《煤矿安全规程》的各项规定，以保证回柱放顶工作的安全。

（二）普通机械化采煤

普通机械化回采工艺简称为"普采"，其特点是用采煤机械同时完成落煤和装煤工序，而运煤、顶板支护及采空区处理与炮采工艺基本相同。

1. 割煤

由单滚筒采煤机完成割煤。采煤机在运行中，安装在摇臂上的滚筒不停旋转，利用截齿将煤截割下来。为了有利于工作面顶板管理，在单滚筒采煤机割煤中一般都采用了倒"8"字形割煤法。在工作面上、下缺口处需打眼爆破人工开缺口。

采煤机的割煤方式是：采煤机开始在工作面中部，开动采煤机向上方运行割顶煤，随后挂悬臂梁。采煤机割顶煤到工作上缺口处后，下降摇臂、翻转挡煤板，采煤机下行割底煤，随后推输送机打固定柱。当采煤机下行割底煤到工作面中部时，升起滚筒削顶煤到工作面下缺口处。随即挂悬臂梁。采煤机到工作面下缺口处后，再降低滚筒，翻转挡煤板，采煤机上行割工作面下半部分底煤到工作面中部。此时升起滚筒割顶煤进刀后停机。采煤机停机后，从工作面中部推输送机至工作面下缺口处，完成整体推溜。随后支设工作面下半部固定支柱，当工作面达到最大控顶距后回柱放顶。

2. 装煤

普通机械化采煤工作面装煤是依靠采煤机滚筒下的螺旋叶片和挡煤板配合，在滚筒割煤的同时将煤推入溜槽的。如果还有少量遗煤，则需人工清理后才能推移输送机。

3. 运煤

依靠铺设在工作面的刮板输送机、顺槽转载机和胶带输送机运煤。

4. 支护

普通机械化采煤工作面支护是利用 DZ 型单体液压支柱配合 HDJA 型铰接顶梁支护的。支柱和顶梁的配合方式有齐梁直线柱和错梁直线柱。

5. 采空区处理

采用全部垮落法。即在工作达到最大控顶距后回收放顶线 1～2 排支柱，使顶板自然垮落。

（三）综合机械化采煤

综合机械化回采工艺简称"综采"，即在工作面配备了大功率的双滚筒采煤机、大功率的可弯曲刮板输送机、液压自移支架及转载机、可伸缩带式输送机，实现了工作面破煤、装煤、运煤、支护及采空区处理的全部机械化。综采工作面布置如图 2-51 所示。

综合机械化采煤方式是：由于采用了大功率双滚筒采煤机，可在工作面实现一次采全高。采煤机首先由工作面下顺槽处完成斜切进刀割入煤壁后，开始向上割煤。割煤同时滚筒上的螺旋叶片和挡煤板配合将煤装入工作面溜槽中运出。在采煤机割煤同时滞后一段距离拉架并推输送机，支架后方的顶板在拉架中自然垮落。

（四）综采放顶煤开采

综采放顶煤开采是适应厚煤层开采的一项新技术。这项技术的运用改变了原先对厚煤层进行分层开采所存在的巷道工程量大、假顶下顶板管理困难等许多缺点，在厚煤层开采中取得了很好的经济效益。

1. 综采放顶煤工作面设备

综采放顶煤工作面的设备布置与普通综采相比没有多大差异，如图 2-52 所示。

2. 放煤工艺

综采放顶煤技术的关键在于采用了放顶煤支架。这种支架后

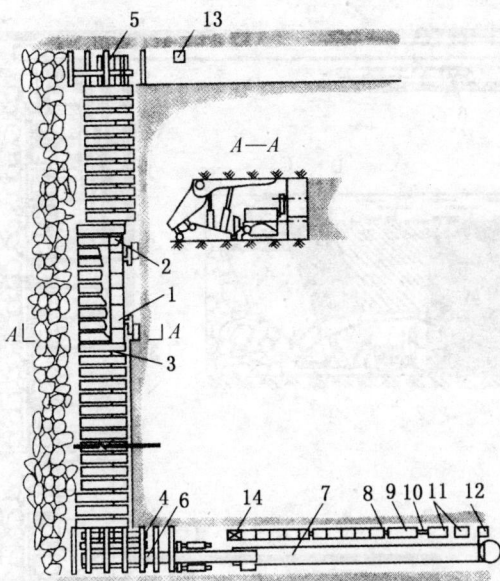

1—采煤机；2—刮板输送机；3—液压支架；4—下端头支架；5—
上端头支架；6—转载机；7—伸缩带式输送机；8—配电箱；9—
乳化液泵站；10—设备列车；11—移动变电站；12—喷雾泵站；
13—液压安全绞车；14—集中控制台

图 2-51 综采工作面布置

方有一个可以打开和关闭的放煤窗口。当工作面支架前移后，其
上部顶煤会自然垮落，堆积在支架掩护梁下方。放顶煤时只需打
开放煤窗口，顶煤会落入工作面后部刮板输送机溜槽中，运出工
作面。顶煤放完后，立即关闭放煤窗口防止矸石窜入工作面。

3. 放煤方式

综采放顶煤工作面采用的放煤方式主要有三种。

（1）单轮顺序放煤。将工作面支架依次按顺序编号，放完 1
号支架的煤后（见矸关门），顺序再放 2、3……架。这种放煤方
式简便易行，但由于上一个放煤口的上方即为放完煤的矸石漏
斗，本架放煤时，上一架矸石漏斗中的矸石极易混入煤中。若实

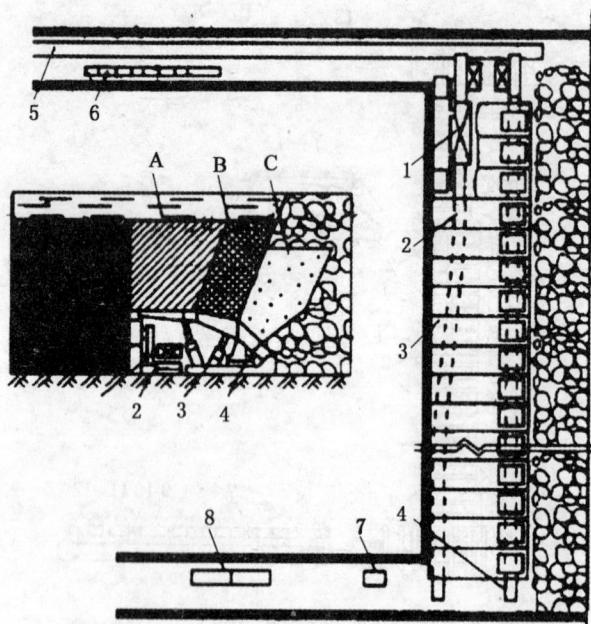

1—采煤机；2—前输送机；3—被压支架；4—后输送机

5—带式输送机；6—配电设备；7—绞车；8—泵站

A—不充分裂碎煤体；B—较充分裂碎煤体；C—放出（裂碎）煤体

图 2-52　综采放顶煤工作面布置

行见矸关门的原则，则煤损大；若关门不及时，混入矸石较多。

（2）多轮顺序放煤。每架支架的放煤口只放部分煤量，如 1/3 煤量，这样，顶部煤岩分界面只会下降一段，依次放完一轮煤。煤岩分界面均匀下降一个高度，再放第二轮……

（3）单轮间隔放煤。放煤时，按每隔一架支架放一支架的顺序进行放煤，一次放完，见矸关门，先放 1、3、5……等单号支架，滞后一段距离，再放 2、4、6……双号支架。

其他的放煤方式基本上都是由这三种基本放煤方式派生出来的。

放煤方式的选择原则：一是有利于顶煤回收，回收率高，含矸率低；二是速度快，有利于组织高产；三是操作简单，便于工作人员掌握。

二、采煤工作面支架

（一）单体液压支柱和金属铰接顶梁配套支架

（1）根据单体支柱在悬臂梁上的位置可分为正悬臂和倒悬臂两种（图 2-53）。

（a）正悬臂；（b）倒悬臂

图 2-53　臂梁形式

（2）根据单体支柱和悬臂梁的配合方式可分为齐梁齐柱、错梁齐柱和错梁错柱三种（图 2-54）。

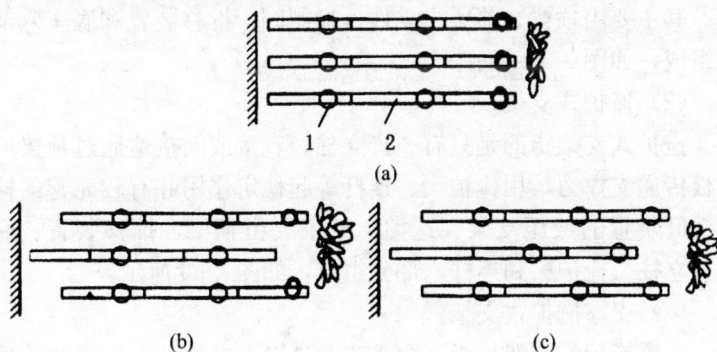

（a）齐梁齐柱；（b）错梁齐柱；（c）错梁错柱

1—支柱；2—金属顶梁

图 2-54　单体支柱和悬臂梁的配合方式

（二）单体液压支柱和"⊓"型钢梁配套支架

"⊓"型钢梁是由两根"⊓"型钢梁对焊而成，其长度有 2.4 m、2.8 m 和 3.2 m 等多种。单体液压支柱和"⊓"型钢梁配套支架交替迈步支护顶板，缩小了端面距，增加了支架稳定性，保证了回柱放顶安全。

（三）综采液压支架

液压支架是在单体液压支柱的基础上发展起来的采煤工作面机械化支护设备。液压支架可靠而有效地支撑和控制工作面顶板，隔离采空区，防止矸石窜入工作面，保证作业空间，并且能够随着工作面的推进而机械化前移。它对防止顶板灾害、实现工作面安全高效、减轻工人的劳动强度等方面都具有十分重要意义。

1. 液压支架的形式

按照支架与围岩相互作用关系及其立柱布置方式，液压支架的形式一般可分为三大类，即支撑式、掩护式和支撑掩护式。

（1）支撑式支架。

支撑式支架是指立柱通过顶梁直接支撑顶板，对冒落矸石没有完善的掩护构件的液压支架。这类支架包括节式和垛式等支架。其主要由顶梁、前梁、立柱、控制阀、推移装置和底座六部分组成，如图 2-55 所示。

（2）掩护式支架。

掩护式支架指的是只有一排立柱，直接或间接地通过顶梁向顶板传递支撑力，用掩护梁、连杆等起稳定作用并有较完善的掩护挡矸装置的液压支架。这类支架主要由顶梁、推移装置、底座、立柱、掩护梁和连杆六部分组成，如图 2-56 所示。

（3）支撑掩护式支架。

支撑掩护式支架是指有两排或两排以上立柱，直接或间接地逼过顶梁向顶板传递支撑力，用掩护梁、连杆等起稳定作用并有较完善的掩护挡矸装置的液压支架。这类支架主要由护帮装置、前梁、顶梁、立柱、掩护梁、连杆、底座和推移装置八部分组成，如图 2-57 所示。

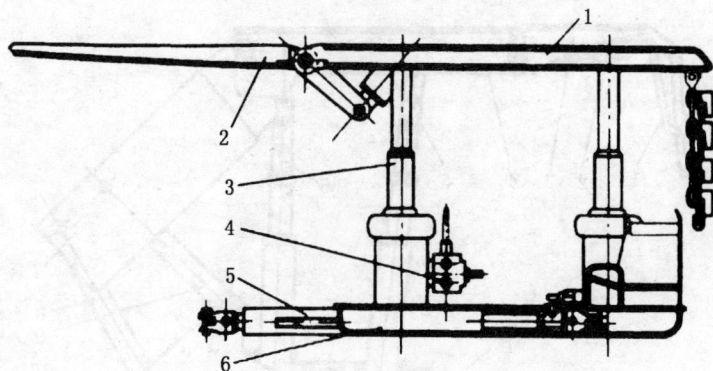

1—顶梁；2—前梁；3—立柱；4—控制阀；5—推移装置；6—底座

图 2-55 支撑式液压支架

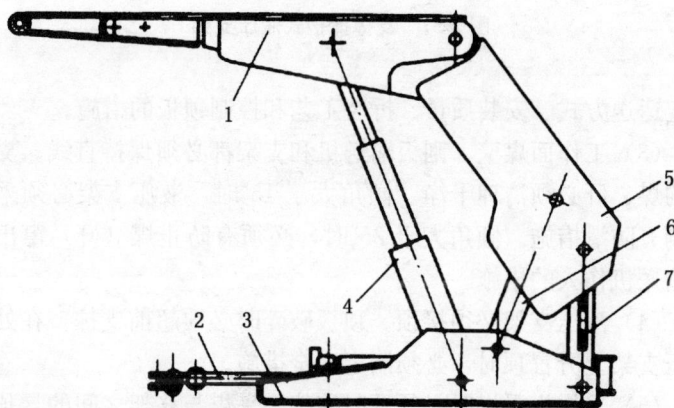

1—顶梁；2—推移装置；3—底座；4—立柱；5—掩护梁；6，7—连杆

图 2-56 掩护式液压支架

2. 液压支架的一般技术要求

（1）液压支架采煤工作面，必须根据矿井各个生产环节煤层地质条件、煤层厚度、煤层倾角、瓦斯涌出量、自然发火倾向和矿山压力等因素，编制设计（包括设备选型、选点）。

（2）运送、安装和拆除液压支架时，必须有安全措施，明确

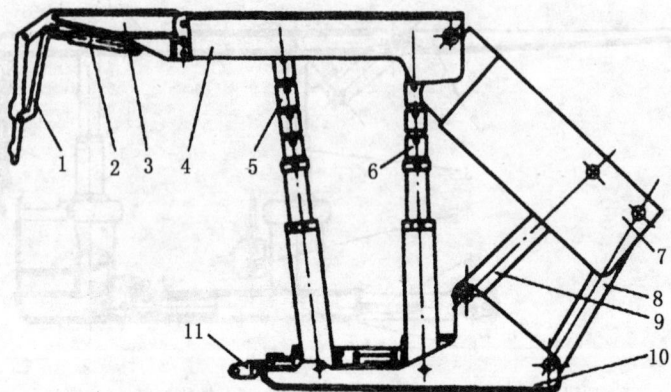

1，2—护帮装置；3—前梁；4—顶梁；5，6—立柱；
77—掩护梁；8，9—连杆；10—底座；11—推移装置

图 2-57　支撑掩护式液压支架

规定运送方式、安装质量、拆装工艺和控制顶板的措施。

（3）工作面煤壁、刮板输送机和支架都必须保持直线。支架间的煤、矸必须清理干净。倾角大于 15°时，液压支架必须采取防倒、防滑措施。倾角大于 25°时，必须有防止煤（矸）窜出刮板输送机伤人的措施。

（4）液压支架必须接顶。顶板破碎时必须超前支护。在处理液压支架上方冒顶时，必须制定安全措施。

（5）采煤机采煤时必须及时移架。采煤与移架之间的悬顶距离，应根据顶板的具体情况在作业规程中明确规定；超过规定距离或发生冒顶、片帮时，必须停止采煤。

（6）严格控制采高，严禁采高大于支架的最大支护高度。当煤层变薄时，采高不得小于支架的最小支护高度。

（7）当采高超过 3 m 或片帮严重时，液压支架必须有护帮板，防止片帮伤人。

（8）工作面两端必须使用端头支架或增设其他形式的支护。

（9）工作面转载机安装有破碎机时，必须有安全防护装置。

（10）处理倒架、歪架、压架以及更换支架和拆修顶梁、支柱、座箱等大型部件时，必须有安全措施。

（11）工作面爆破时，必须有保护液压支架和其他设备的安全措施。

（12）乳化液的配制、水质、配比等，必须符合有关要求。泵箱应设自动给液装置，防止吸空。

三、采煤作业安全操作事项

（1）操作前首先要检查顶板和支架（图 2-58）；进行敲帮问顶，处理浮矸；严禁空顶作业。

图 2-58　采煤作业首先要检查顶板和支架

（2）使用煤电钻打眼时要注意输送机运转情况，防止后方拉出材料、大块煤（矸）伤人；电钻电缆不准放在输送机上。

（3）打眼与装药不准在同一地点平行作业。

（4）装煤时要随时注意顶板和煤帮，防止掉矸或片帮砸人；不要将柱底掏空，以免倒柱砸人或引起冒顶。

（5）装煤时发现瞎炮、丢炮不能用镐刨或用手拽雷管脚线，以防发生意外爆炸；拾到炸药雷管要及时交给爆破工。

（6）刮板输送机严禁乘人；用来运送材料时要防止顶人和碰倒支柱；移动输送机时必须有防止冒顶、顶伤人员和损坏设备的措施；机头、机尾的压柱要打牢靠。

（7）支柱要迎山有劲，严禁退山；不准提前摘回基本柱；对歪、倒支柱要及时处理；支柱不得打在浮煤（矸）上，如果底软，要"穿鞋"。

（8）回柱放顶要做到：顶板没维护好、浮煤不清扫、支柱不完整、超前特殊支架未打齐、回柱绞车不稳固、钢丝绳道不畅通等时，不准放顶。

（9）人员在采煤机反向时要离开牵引钢丝绳或大链，以免其弹起伤人；割煤时要远离滚筒，以防煤（矸）割落时伤人。

（10）在任何情况下，严禁人员进入采空区内。

第三章　入井须知

第一节　入井前的准备工作

一、入井应具备的条件

（一）男性成年人

《矿山安全法》第二十九条规定：矿山企业不得录用未成年人从事矿山井下劳动，矿山企业不得分配女职工从事矿山井下劳动。

（二）强健的体魄

井下作业处在各种自然灾害的威胁之中，要求作业人员对周围环境的变化有敏锐机警的反应能力；身体各关节部位要有适应和抵抗能力，动作要灵活；要有健康的心肺功能。《煤矿安全规程》第七百四十四条规定：新工人入矿之前，必须进行职业健康检查。

有下列病症之一，不得从事井下工作：癫痫病、精神分裂症、风湿病（反复活动）、严重的皮肤病、活动性肺结核及肺外结核病、严重的上呼吸道或支气管疾病、显著影响肺功能的肺脏病或胸膜病变、心血管器质性疾病，以及经医疗鉴定不适于从事井下工作的其他疾病。

（三）安全培训合格

《煤矿安全规程》第六条规定：煤矿企业必须对职工进行安全培训，未经安全培训的，不得上岗作业。特种作业人员必须按

127

国家有关规定培训合格，取得操作资格证书。

对技术更新的有关人员、对换矿井和工种变更的人员，都必须重新进行安全技术培训。

从事井下作业人员，必须学习和掌握《煤矿安全规程》、作业规程、技术操作规程以及与本职工作有关的规定，并经考试合格，方可上岗操作。

（四）了解矿井基本情况

了解矿井基本情况主要包括：

（1）本矿井地理位置、生产能力、开拓方式、通风系统、矿井安全管理机构和主要负责人及其通讯方式。

（2）本矿井灾害应急预案中井下各工作地点的避灾路线。

二、入井前的准备

（1）入井前一定要注意吃饱、睡足、休息好；不赌博，不打架，做到心情愉快，保持精力旺盛。

（2）入井前严禁喝酒。因为喝了酒的人，往往神志昏沉，精神不集中，安全生产中容易出现差错，所以喝了酒的人严禁下井。

（3）身上不准带有香烟和打火机、火柴下井（图3-1）。因为在井下吸烟、点火会引起瓦斯、煤尘爆炸和井下火灾，严重时甚至造成矿毁人亡。

【案例】某煤矿工人抽烟坐矿车下井，下车前在距一水平上部车场25 m处顺手将烟头丢至支护背料处，在风流的作用下，引燃了支护背帮护顶的竹梢，导致了火灾事故的发生，造成7人死亡，直接经济损失268万元。

（4）入井前要把携带的锋利工具套上防护套，以免碰伤自己和他人。

（5）按时参加班前会。班前会主要布置当班的生产工作任务、作业现场存在的不安全隐患和本班应注意的安全事项；最后，每一个下井作业的工人经过安全确认，背诵安全理念，进行

化纤服装易产生静电

入井人员任何人
都不能将香烟、打火机
等火种带到井下

引发
瓦斯爆炸

图 3-1　井下严禁携带香烟和打火机

安全宣誓。

（6）执行入井检身和出入井人员清点制度。

入井检身和出入井人员清点制度的目的是：对下井人员应该做到的基本要求，进行督促和检查；准确掌握出入井人员情况。例如，入井检身时发现误带了烟火，可以在下井前取出、存于井上；出入井人员清点可以准确地掌握井下现有人数，若井下发生意外事故，则能及时掌握井下人员情况，便于实施救援。

第二节　正确佩戴和使用劳动防护用品

一、穿好工作服、戴好矿工帽

入井前要穿戴好工作服、胶靴、毛巾和矿工帽，系好腰带。

（1）工作服。因为井下气候潮湿，风流速度大，温度低，而且有大量矿尘，所以，在作业时要穿坚固、保暖的工作服。注意穿戴整齐利索，袖口扎好，防止被转动的机器缠咬。但不能穿化纤衣服，因为化纤衣服容易产生静电，静电火花可能引起瓦斯、煤尘或电雷管意外爆炸。如果工作地点有淋水或进行湿式钻眼、

129

洒水防尘和喷浆等工序时，还应穿好雨衣，防止因淋湿而感冒生病。

（2）胶靴。因为井下作业现场泥水较多，有时还要站在泥水中操作，所以必须穿胶靴。同时，穿绝缘胶靴还可防止人体触电。

（3）毛巾。脖子上最好围着一条毛巾，既可防止煤（矸）碎块或矿尘掉入衣服里面，又可擦汗。同时，在发生灾害事故时，可以用毛巾沾水捂住鼻口进行自救互救。

（4）矿工帽。因为顶板的碎矸经常掉下砸头，同时井下空间较小，容易碰头，所以要戴好矿工帽。防止头部遭到撞、碰和砸等伤害。同时，注意矿工帽里面的衬垫带要合格，戴矿工帽时要系好帽带。

（5）腰带。腰带可以系自救器、矿灯盒和随身携带的小件物品。腰带要系在工作服最外面，以使工作服利索。

二、随身携带自救器

自救器是工人在发生重大灾害事故时的重要自救装备，现场工人常叫"救命器"。如发生瓦斯、煤尘爆炸和火灾时，工人应及时戴好自救器，有组织地按预定避灾路线撤出灾区。不佩带自救器或不会使用自救器的工人一律不准下井。

【案例】某煤矿技术改造区域主井筒－20.5 m标高临时水仓处导通原蛟河煤矿旧采区，旧采区一氧化碳溢出，矿井掘进工作面局部通风机循环通风、主要通风机随意开停、不按规定为入井作业人员配发自救器，造成7人死亡，6人轻伤，直接经济损失323万元。

三、随身携带矿灯

（1）矿灯的作用。

矿灯是矿工的眼睛，不带矿灯下井工人跟"瞎子"一样，寸步难行。新型矿灯还兼有瓦斯监测和报警功能。在发生危险时作为应急信号，如晃灯停车。在紧急避险时还可传递呼救信号。同时，矿灯还可作为清点上、下井人数的依据之一。

（2）新型矿灯特点。

① KSW5LM（A）甲烷报警矿灯（图3-2）。该矿灯将瓦斯检测报警装置和矿灯一体化，同时具有工作照明和瓦斯浓度超限报警双重功能。它采用免维护铅酸电池和 LED 光源，产品体积小，重量轻，携带方便，电池无记忆性，可随时充电。电池无有害气体溢出，无污染。LED 光源寿命长，矿灯使用期间无需更换光源。

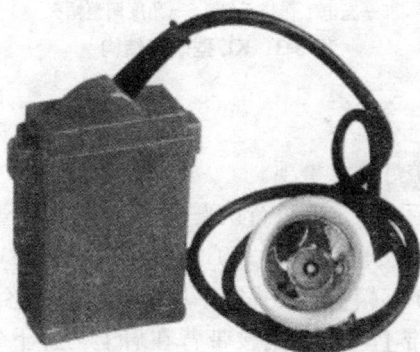

图3-2　KSW5LM（A）甲烷报警矿灯外形图

② KL 型矿灯（图3-3）。该矿灯灯头内装有两个 LED 光源，其中主光源采用 1 W 白光 LED，副光源采用 0.5 W 白光 LED，万一主光源损坏，副光源继续照明；LED 寿命长，无需更换灯泡；光通量大，聚光性能好，照度高；采用头灯充电方式，灯内装有锂电充电自动控制电路；全灯体积小，重量轻，携带方便；锂电池内装有 PTC，具有过充电、过放电、过电流、过电压和过热保护功能。

（3）矿灯的完好检查。

矿灯应保持完好，出现电池漏液、亮度不够、电线破损、灯锁失效、灯头密封不严、灯头圈松动和玻璃罩破碎等情况，严禁

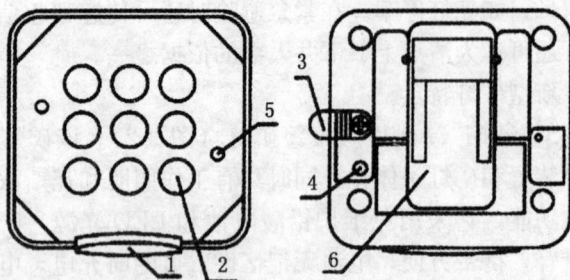

1—开关：控制光源的开和关；2—LED 光源：9 个；

3—防水橡胶塞：保护充电插口；4—充电插座：充电输入口；

5—充电工作指示灯；6—角度调整帽夹

图 3-3   KL 型矿灯结构

携带下井。

（4）携带矿灯注意事项。

领到矿灯后，一定要进行认真检查。因为损坏的矿灯可能会产生电火花，引发重大事故。矿灯经检查无误后，要随身佩带好。灯头插在矿工帽上不要提在手里，更不能打悠圈闹着玩；电池盒要系在腰带上，不要用腰带背在肩上。井下禁止拆开、敲打、撞击灯头；不得乱扔磕碰或垫坐电池盒；不得用力拉、刮、挤、咬电缆。上井后要将矿灯及时交还矿灯房，以便检修和充电。矿灯应存放在阴凉、干燥、清洁的环境中，禁止放入水中、靠近或投入火源中。

【案例】某煤矿有限责任公司 2106 工作面没有形成全负压通风，造成局部瓦斯聚积达到爆炸界限；矿灯没有实行集中统一管理，作业人员在井下违规使用、操作失爆矿灯产生电火花，引起瓦斯爆炸。该事故属于一起重大瓦斯爆炸事故，造成 10 人死亡，4 人重伤，2 人轻伤，直接经济损失 580 万元。

四、戴好手套、口罩、眼罩、耳塞等

井下作业有时会接触对人体皮肤有伤害的物品。例如，喷射混凝土和灌注树脂锚固剂等，都必须戴好防护手套；采掘机司机在割煤时要戴防尘口罩，喷射混凝土时要戴防护眼罩；风动凿岩机司机在钻眼时要戴耳塞。

第三节　井下安全设施

井下安全设施是指：装置在井下巷道、硐室等处的专门用于安全生产的设施。其作用是防止事故的发生或者缩小事故范围，减轻事故的危害。每个新工人都必须自觉爱护和维护安全设施，不随意触摸、移动甚至损坏安全设施。

一、防瓦斯安全设施

防瓦斯安全设施主要有瓦斯监测和自动报警断电装置等。其作用是监测周围环境空气中的瓦斯浓度，当瓦斯浓度超过规定的安全值时，会自动发出报警信号；当浓度达到危险值时，会自动切断被测范围的电力电源，以防止瓦斯爆炸事故的发生。

瓦斯监测和自动报警断电装置主要安设在掘进煤巷和其他容易产生瓦斯积聚的地方。

二、通风安全设施

通风安全设施主要有局部通风机（图3-4）、风筒及风门、风窗（图3-5）、风墙、风幛、风桥和栅栏（图3-6）等。其作用是控制和调节井下风流和风量，供给各工作地点所需要的新鲜空气，调节温度湿度，稀释空气中有毒有害气体浓度。

局部通风机、风筒主要安设在掘进工作面及其他需要通风的硐室、巷道；栅栏安设在无风、禁止人员进入的地点；其他通风安全设施安设在需要控制和调节通风的相应地点。

三、防灭火安全设施

防灭火安全设施主要有灭火器、灭火沙箱、铁锹、水桶、消

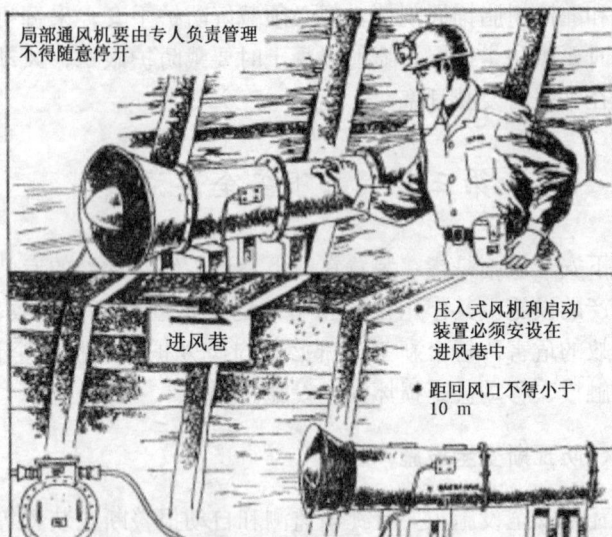

局部通风机要由专人负责管理
不得随意停开

进风巷

- 压入式风机和启动
装置必须安设在
进风巷中

- 距回风口不得小于
10 m

图 3-4　局部通风机

图 3-5　风窗

防水管、防火铁门和防火墙（图 3-7）。其作用是扑灭初起火灾和控制火势蔓延。

图3-6　栅栏

防灭火安全设施主要安设在机电硐室及机电设备较集中的地点。防火铁门主要安设在机电硐室的出入口和矿井进风井的下井口附近；防火墙构筑在需要密封的火区巷道中。

四、防隔爆设施

防隔爆设施主要有防爆门、隔爆水袋、水槽、岩粉棚和防爆墙等，如图3-8所示。其作用是隔阻爆炸冲击波、高温火烟的蔓延扩大，减小因爆炸带来的危害。

隔爆水袋、水槽、岩粉棚主要安设在矿井有关巷道和采掘工作面的进回风巷中；防爆铁门安设在机电硐室的出入口；井下爆炸器材库的两个出口必须安设能自动关闭的抗冲击波活门和抗冲击波防爆墙。

五、防尘安全设施

防尘安全设施主要有喷雾洒水装置及系统。其作用是降低空

图 3-7　防火墙

隔爆措施：

设岩粉棚子　　　　　隔爆水幕和水槽棚

图 3-8　隔爆设施

气中粉尘浓度，防止煤尘发生爆炸和影响作业人员身体健康，保持良好的作业环境，如图 3-9 所示。

防尘措施：

洒水降尘 回风净化 降尘

图 3-9 洒水降尘

防尘安全设施主要安设在采掘工作面的回风巷道和其他矿井有关巷道以及转载点、放煤仓口和装煤（矸）点等处。

六、防隔水安全设施

防隔水安全设施主要有水沟、排水管道、防水闸门和防水墙等。其作用是防止矿井突然出水造成水害和控制水害影响的范围。

水沟和排水管道设置在巷道一侧，且具有一定坡度，能实现自流排水，若往上排水即需加设排水泵；其他设施安设在受水患威胁的地点。

七、提升运输安全设施

提升运输安全设施主要有罐门、罐帘、各种信号灯、电铃、阻挡车器。其作用是保证提升运输过程的安全。

（1）罐门、罐帘。其主要安设在提升人员的罐笼口，防止人员误乘罐、随意乘罐。

（2）各种信号灯、电铃、笛子、语言信号、口哨、手势等（图 3-10）。其安设和使用在提升运输过程中，用以指挥调度车辆运行或者表示提升运输设备的工作状态。

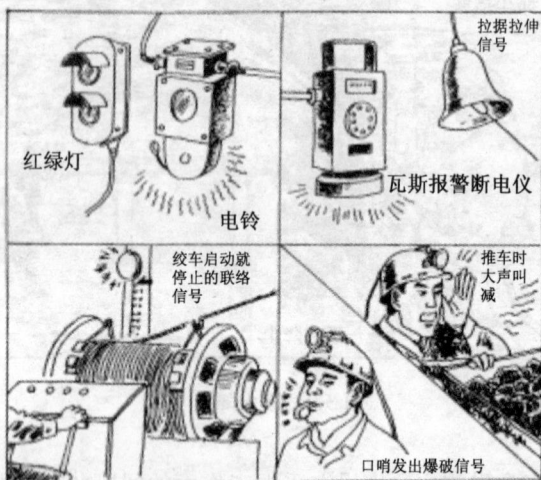

图 3-10　井下联络信号

（3）阻挡车器。其主要安装在井筒进口和倾斜巷道，防止车辆自动滑向井筒和防止倾斜巷道发生跑车或跑车后不致造成更大的损失。

八、电气安全设施

电气安全设施包括供电系统及各电气设备上装设漏电继电器和接地装置。其目的是防止发生各种电气故障，造成的人身触电等事故。

九、躲避硐室

躲避硐室主要有以下三种：

（1）躲避硐（图 3-11）。水平和倾斜巷道中为防止车辆运输刮人、跑车撞人事故而设置的躲避硐。

（2）避难硐室（图 3-12）。避难硐室是事先构筑在井底车场附近或采掘工作面附近的一种安全设施。其作用是当井下发生灾

图 3-11 躲避硐

图 3-12 避难硐室

害事故时，灾区人员无法撤退而暂时躲避待救的地点。

（3）压风自救硐室。当发生瓦斯突出事故时，灾区人员进入压风自救硐室避灾自救，等待救援。通常设置在煤与瓦斯突出矿井采掘工作面的进回风巷、有人工作的场所和人员流动的巷道中。

第四节　下井行走安全注意事项

　　从地面到达井下采掘作业地点，需要通过一系列巷道。由于井下环境条件特殊，有的巷道空间小、光线暗、噪音大、粉尘多、运输忙等，对行人安全造成很大影响。

一、乘罐安全注意事项

　　（1）乘罐上下井必须遵守有关规定，服从井口安全管理人员和把钩工的指挥，排队按顺序上下乘罐，不能拥挤和打闹。

　　（2）进入罐笼后要关好罐笼门或帘。身体任何一个部位和所携带工具不准露在罐笼外面，应握紧扶手。在罐笼内禁止打闹斗殴，更不准向罐笼外抛掷任何物品。

　　（3）罐笼里乘载的人数达到规定限额时，不得强挤抢上。如果罐笼里已装物料或矿车，罐内一律不得搭乘人员。

　　（4）提升爆破材料的罐笼，其他人员禁止同罐上下。

　　（5）严禁任何人乘坐提煤箕斗上下井。

　　【案例】某煤业有限责任公司八矿新建主井绞车，在存在联轴器损坏的重大隐患情况下，违章指挥，强令绞车司机冒险作业，致使联轴器失效，同时由于安全保护不全导致安全制动失效，绞车完全失去提升动力和制动力，从而造成坠罐事故。这起事故造成 11 人死亡，直接经济损失 330 万元。

二、井下行走一般要求

　　（1）在井下行走最好两人以上结伴同行，遇事可互相关照。

　　（2）挂有"禁止入内"或危险警告标志的地方，禁止进入。因为里面可能积聚有毒有害气体或顶板破碎冒顶，对人员造成危害。

　　（3）不是自己责任范围的设施、设备不要随便触摸、开启或关闭。要爱护灭火器和安全标志。

（4）在井下休息时应选择顶板完整、支架完好、不影响行车和通风良好的地点，应尽量躲开巷道交岔处，不能在密闭墙附近或钻入栅栏区内休息。禁止井下睡觉。

（5）井下行走时不得互相嬉戏打闹，要集中精神、眼观六路、耳听八方，以便及时发现不安全隐患并采取措施。

三、在运输大巷行走时

（1）一定要走大巷的一侧人行道（图 3-13），严禁在轨道中间行走，走在水沟盖板上面，要注意其是否安全稳固。若巷道无人行道，必须预先与信号把钩工联系好，经同意后，方能行走。

图 3-13　井下行走要走大巷的一侧人行道

（2）不能随意横越轨道，若因生产工作需要横越时，必须确认（眼观、耳听）无运行车辆到来后再横越。

（3）在巷道的人行道上行走时，发现有运行车辆通过，人员

141

应站在人行道紧靠巷帮侧，不要行走。如果人行道宽度不够，应迅速就近进入躲避硐室或在够宽地点暂避，等车辆通过后再行走，或者向司机发出停车信号，待行人躲避后再行车。

（4）行走在接近巷道拐弯处和岔道口，要停步瞭望或侧耳细听有无运行车辆接近的信号，确认没有时，方可继续前进。

（5）要横过绞车道或无极绳道时，必须等牵引钢丝绳停止运行后，才能横跨。不准骑跨或脚踩钢丝绳行走（图3-14）。

图3-14　不准骑跨或脚踩钢丝绳行走

（6）在有架线巷道中上下车和行走时，严禁身体任何部位或携带的金属工具触及架线，以免触电事故的发生（图3-15）。

四、在通风巷道行走时

（1）在回风巷道行走时，要走在巷道断面中部。在通过有积水的巷门时尽量两脚踩在轨道上。注意底板的煤（矸）堆或石块，谨防绊倒。同时，避开顶板支架、管道、缆线，以免碰伤头部。

（2）在有风门的巷道中行走时，要过一道风门关一道风门，不能两道风门同时敞开（图3-16），开一道风门也不能敞开时间

图 3-15　防止携带的金属工具触及架线

过长。同时，过风门时要严防对面来人开门撞伤自己或者自己开门时撞伤对面来人和关门时碰伤后面来人。

图 3-16　不能两道风门同时敞开

五、在绞车斜巷行走时

（1）在绞车斜巷行走时，要遵守"行人不行车、行车不行人"的规定（图 3-17）。红灯亮时，行人立即就近进入躲避硐，红灯灭、绿灯亮时，方可继续行走。

图 3-17　行人不行车、行车不行人

（2）任何人不准从斜巷井底穿过，必须从专门设置的绕道通行。

六、在输送机巷道行走时

（1）严禁任何人乘坐输送机或在输送带上面行走。

（2）不得从输送机机头处横过（图 3-18）。横过输送机机尾处要踩稳机尾盖板。

（3）横过带式输送机时必须行走"过人天桥"，严禁从胶带下钻过或在胶带上爬越。

（4）允许乘坐的带式输送机，在乘坐时一定要上下敏捷，不得站立，双手不准扶着运行的带边，切忌打盹睡觉（图 3-19）。

图 3-18 不得从输送机机头处横过

图 3-19 允许乘坐带式输送机时切忌打盹睡觉

七、安全出口、路标和避灾路线

（1）安全出口。

为了保证煤矿一旦发生重大灾害事故时，所有人员都能及时安全地撤到地面上来，每个矿井都应设有至少两个能行人的安全

145

出口（图 3-20）。井下各开采水平之间和各个采区都应有两个以上便于行人的安全出口，并与通到地面的安全出口相连接。安全出口是矿井中一项很重要的安全设施，所以，在井下工作的人，都要熟悉矿井安全出口的位置和各条巷道通向安全出口的路线。

图 3-20 安全出口

(2) 路标。

每个井下工作地点到矿井安全出口的巷道的名称是不同的。为了使每个人都能很快熟悉通向矿井安全出口的巷道，在井巷岔道口或拐弯处，都必须设置路标，写明巷道名称、长度以及用箭头指明去矿井安全出口的方向。这样沿着箭头指示的方向走去，就可以出井。所以路标非常重要，每个人都要爱护它。路标若损坏了，要及时报告矿调度室以便调换；路标若掉落了，要主动地把它重新钉好。

(3) 避灾路线。

煤矿井下巷道很多，工作场所分散，为了使每个人都能在一旦发生了重大事故时迅速撤到安全地点，每个矿井还预先对每个工作地区选定了最近最安全的撤退路线。这条最近最安全的路线就叫避灾路线。每个在井下工作的人要像熟悉井巷安全出口一样熟悉这条避灾路线。在这些避灾路线中，自井下通到地面的各个主要巷道里，以及在巷道拐弯的地方和巷道的相互交叉点，都挂有路标，路标上画着箭头，沿着箭头指示的方向走，就可以出井。

每个水平和采区都至少有两个能行人的安全出口而且和通到地面的出口相连接。如果通到地面的两个安全出口的坡度都是大于45°的井筒时，每个井筒中还要装有梯子间，一旦井下发生了重大灾害事故，提升设备受到破坏时，人员可以从梯子间攀登出井。攀登梯子时，要按顺序，不要惊慌和拥挤。

第五节　煤矿井下信号与安全标志

一、煤矿井下信号

井下很多工作地点和生产环节，都设有各种声光信号。信号分工作信号和安全信号。它是保证：工作联系和安全生产所必需的重要手段。每个矿井的各种信号都有明确的规定。提升和运输一般都有红、绿灯和电铃作信号。红灯表示"停车"和禁止非作业人员入内，绿灯表示"开车"、正常行驶和允许作业人员入内。电铃的长短不同声响和次数表示不同的信号：一声表示"停车"、二声表示"开车"（或正开）、三声表示"倒车"（或反开）。此外还有发生灾害时的报警信号，如瓦斯报警断电仪发出的瓦斯超限报警、设备启动和停止的联络信号、推车工人推车时的大声呼喊、用口哨发出的爆破信号等。这些也是重要信号，听到或看到这些信号，必须迅速停止工作，躲避到安全地点。所有下井人员必须明确做到以下几点。

（1）每个人都必须熟悉本矿井规定的各种信号，在井下行走或工作时，要时刻注意信号，听从信号指挥，不可粗心鲁莽，避免发生危险。

（2）信号设备关系着每个井下人员的切身安全和正常的生产秩序，所以人人都要爱护信号设备，不要随意拨弄损坏。如果发现信号设备失灵或不起作用时，要及时报告，以便修复或更换。

（3）信号设备是指挥生产和确保安全的专用设备。只有被指定的人员才可以发送信号，其他人不得擅自发送。

二、煤矿井下安全标志

安全标志是指井下悬挂的或张贴的图文标志，目的在于警示人们对不安全因素的注意，预防事故的发生。煤矿新工人必须做到认识、爱惜和维护，发现有变形、损坏、变色、图形符号脱落、亮度老化等现象应及时向有关部门和领导报告，以便及时修理或更换安全标志。

煤矿井下安全标志分为主标志和文字补充标志两类。

（一）主标志

主标志分为禁止标志、警告标志、指令标志和路标、名牌、提示标志四种。

（1）禁止标志：禁止或制止人们的某种行为的标志。该类标志共 19 种，如表 3-1 所列。

表 3-1　禁止标志的种类、名称及设置地点

编号	符　号	名　称	设置地点
1-1		禁带烟火	煤矿井口及井下
1-2		禁止酒后入井	人员出入的井口

编号	符　号	名　称	设置地点
1-3		禁止明火作业	禁止明火作业地点
1-4		禁止启动	不允许启动的机电设备
1-5		禁止送电	变电室、移动电源开关停电检修等
1-6		禁止扒乘矿车	井下运输大巷交叉口、乘车场、扒车事故多发地段
1-7		禁止扒、登、跳人车	井下巷道，每隔 50 m 设一个
1-8		禁止登钩	串车提升斜井上下口

编号	符　号	名　　称	设置地点
1-9		禁止跨、乘输送带	链板、带式输送机、钢丝绳牵引运输不许跨越的地方，每隔 30 m 设置
1-10		禁止井下攀牵线缆	井下敷有电缆、信号线等巷道内
1-11		禁止入内	井下封闭区、瓦斯区、盲巷、废弃巷道及禁止人员入内的地点
1-12		禁止停车	井下禁止停放车辆的地段
1-13		禁止驶入	线路终点和禁止机车驶入地段
1-14		禁止通行	井下危险区、爆破警戒处、不兼作行人的绞车道，材料道及禁止行人的通道口等

编号	符　号	名　称	设置地点
1-15		禁止穿化纤服装入井	人员出入的井口
1-16		禁止放明炮、糊炮	井下采掘爆破工作面
1-17		禁止井下睡觉	井下各工序岗位和作业区
1-18		禁止同时打开两道风门	井下巷道风门处
1-19		禁止井下随意拆卸矿灯	入井口、井下工作面

　　（2）警告标志：警告人们注意可能发生危险的标志。该类标志共 19 种，如表 3-2 所列。

表 3-2　警告标志的种类、名称及设置地点

编号	符　号	名　　称	设置地点
2-1		注意安全	提醒人们注意安全的场所及设备安置的地方
2-2		当心瓦斯	井下瓦斯集聚地段、盲巷口、瓦斯抽放地点、巷道冒高处
2-3		当心冒顶	井下冒顶危险区、巷道维修地段
2-4		当心火灾	井下仓库、爆炸材料库、油库、带式输送机、充电室和有发火预兆的地点
2-5		当心水灾	井下有透水或水患地点
2-6		当心煤(岩)与瓦斯突出	井下煤（岩）与瓦斯突出危险作业区

编号	符　号	名　　称	设置地点
2-7		当心有害气体中毒	井下 CH_4、CO、H_2S、NO_x 等有害气体危险地点
2-8		当心爆炸	爆炸材料库、运送炸药、雷管的容器和设备上
2-9		当心触电	有触电危险部位
2-10		当心坠落	建井施工、井筒维修及井内高空作业处
2-11		当心坠入溜井	井下溜煤眼、溜矿井、溜矿仓
2-12		当心发生冲击地压	井下有冲击地压的作业区域

编号	符　号	名　称	设置地点
2-13		当心片帮滑坡	井下有片帮、滑坡危险地段
2-14		当心矿车行驶	井下行人巷道与运输巷道交叉处、井下兼行人的倾斜运输巷道内
2-15		当心绊倒	井下地面有障碍物，绊倒易造成伤害的地方
2-16		当心滑跌	井下巷道有易造成伤害的滑跌地点
2-17		当心交叉道口	井下巷道交叉口处
2-18		当心弯道	井下巷道拐弯处

编　号	符　　号	名　　称	设置地点
2-19		当心道路变窄 （左、右、正向）	井下巷道前方变窄的地段

（3）指令标志：指示人们必须遵守某种规定的标志。该类标志共 11 种，如表 3-3 所列。

表 3-3　指令标志的种类、名称及设置地点

编　号	符　　号	名　　称	设置地点
3-1		必须戴安全帽	人员出入井口、更衣房、矿灯房等醒目地方
3-2		必须携带自救器	入井口处、更衣室、领自救器房等醒目地方
3-3		必须携带矿灯	入井口处、更衣房、矿灯房等醒目地方
3-4		必须穿带绝缘保护用品	井下变配电所（硐室）

编号	符　号	名　称	设置地点
3-5		必须系安全带	建井施工处、井筒检修地点
3-6		必须戴防尘口罩	井下打眼施工、炮烟区
3-7		必须桥上通过	井下设有人行桥的地方
3-8		必须走人行道	井下人行道两端
3-9		鸣笛	井下机车通过巷道交叉处、道岔口和弯道前 20～30 m 鸣笛处
3-10		必须加锁	剧毒品、危险品库房等地点

续表 3-3

编号	符　号	名　称	设置地点
3-11	持证上岗	必须持证上岗	井口、配电室、炸药库等必须出示上岗证的地点

（4）路标、名牌、提示标志：告诉人们目标方向、地点的标志。该类标志共 20 种，如表 3-4 所列。

表 3-4　路标、名牌、提示标志的种类、名称及设置地点

编号	符　号	名　称	设置地点
4-1		紧急出口（左、右向）	设在井下采区安全出口路线上（间隔 100 m）和改变方向处
4-2		电话	井下通往电话的通道上
4-3		躲避硐	井下通往躲避硐的通道及躲避硐入口处
4-4		急救站	井下通往急救站通道上

续表 3-4

编号	符 号	名 称	设置地点
4-5	放炮警戒线	爆破警戒线	井下爆破警戒线处
4-6	XX危险区	危险区	井下火灾、瓦斯、水患等危险区附近
4-7	沉 陷 区	沉陷区	井下地表沉陷滑落区
4-8	前方慢行	前方慢行	井下风门、交叉道口、弯道、车场、翻罐等须减速慢行地点
4-9	进风巷道	进风巷道	井下进风巷道
4-10	回风巷道	回风巷道	井下回风巷道

编号	符　号	名　称	设置地点
4-11	运输巷道 ←	运输巷道	井下运输巷道
4-12	正在检修 不准送电	指示牌	根据需要自行设置
4-13	← ××水平 → ××石门 ××石门 ××石门	路标	自行设置
4-14	避火灾、瓦斯爆炸路线 ←	避火灾、瓦斯爆炸路线	井下躲避火灾、瓦斯、煤尘爆炸的通道上
4-15	避水灾路线 ←	避水灾路线	井下躲避水灾的通道上
4-16	避有毒有害气体路线 ←	避有毒有害气体路线	井下躲避有毒有害气体路线的通道上

编号	符　号	名　称	设置地点
4-17	**永久密闭** 编号： 材料： 时间	永久密闭	井下废巷、盲巷入口处
4-18	测　风　牌（断面 CH_4 风速 CO_2 风量 温度 地点 湿度 时间 测风员）	测风牌	井下掘进、采煤工作面等处
4-19	炮　检　牌（浓度/时间 装药前 放炮前 放炮后 CH_4 CO_2 地点 班次 时间 瓦检员）	炮检牌	井下采、掘工作面等要求设置的地点
4-20	瓦　斯　巡　检　牌（次数/浓度 一次 二次 三次 CH_4 CO_2 地点 时间）	瓦斯巡检牌	井下采、掘工作面等要求设置的地点

（二）文字补充标志

文字补充标志是主标志的文字说明或方向指示，它只能与主标志同时使用。文字补充标志示例如图 3-21 和图 3-22 所示。

文字补充标志的位置在主标志的下方

图3-21 文字补充标志示例一

文字补充标志的位置在主标志的左方

图3-22 文字补充标志示例二

第四章 矿井事故防治基础知识

第一节 矿井瓦斯防治

矿井瓦斯是煤矿生产过程中产生的有害气体。伴随着生产的进行，瓦斯涌出到生产空间，对井下的安全生产构成威胁。瓦斯不论其涌出量是多少，一直是矿井生产最主要的一个危险源。瓦斯灾害、粉尘灾害、火灾、水害和顶板灾害构成了煤矿的五大自然灾害，瓦斯爆炸事故又是矿井五大自然灾害之首（图4-1）。瓦斯灾害的治理是矿井事故防治最根本的、最重要的任务。

图4-1 瓦斯爆炸事故现场示意图

一、矿井瓦斯概述

（一）矿井瓦斯的概念

矿井瓦斯是矿井中主要由煤层气构成的以甲烷为主的有害气

体。瓦斯是一种混合气体，在组成瓦斯的各种气体中，甲烷往往占总量的90%以上，因此瓦斯的概念有时单独指甲烷。甲烷的俗称叫做沼气，化学式为 CH_4。

（二）瓦斯的性质

（1）瓦斯是一种无色、无味、无臭的气体。在标准状态下（气温为 0 ℃，大气压为 1.01×10^5 Pa），1 m^3 甲烷的质量为 0.761 8 kg，而 1 m^3 空气的质量为 1.293 kg，因此，瓦斯比空气轻，其相对密度为 0.554。

（2）瓦斯本身无毒，但空气中若瓦斯浓度增加，氧气含量就会相应减少，会使人因缺氧而窒息。

（3）瓦斯在一定条件下，会发生燃烧、爆炸。爆炸产生的冲击波，能造成人员伤亡、巷道和设备损坏；爆炸形成的高温会烧伤、烧死人员、烧毁设备、材料和煤炭资源；爆炸产生的大量有毒气体，会使大批人员窒息、中毒，甚至死亡；爆炸时会扬起大量积尘，使之参与爆炸，后果更加惨重。

（4）瓦斯的扩散性极强，一旦瓦斯涌出，便能扩散开来，迅速在大范围内对人体造成危害和对安全构成威胁。

（5）瓦斯密度约为空气的一半，所以经常积聚在巷道空间上部。特别是巷道冒顶空洞、采煤工作面上隅角和采空区高冒处积聚的瓦斯，其浓度易达到爆炸界限，但不容易被检测出来，而且处理也比较困难。

（6）瓦斯的渗透性性极强，在一定瓦斯压力和地压的共同作用下，瓦斯能从煤岩中向采掘空间涌出，甚至喷出或突出。已封闭采空区内的瓦斯也能源源不断地渗透到矿井巷道内，造成瓦斯灾害。

（三）矿井瓦斯的危害

1. 瓦斯窒息

瓦斯本身虽然无毒，但当空气中瓦斯浓度较高时，就会相对降低空气中的氧气浓度。在压力不变的情况下，当瓦斯浓度达到43%时，氧气浓度就会被冲淡到12%，人就会感到呼吸困难；

当瓦斯浓度达到 57% 时，氧气浓度就会降到 9%，这时人若误入其中，短时间内就会因缺氧窒息而死亡。因此《煤矿安全规程》规定：凡井下盲巷或通风不良的地区，都必须及时封闭或设置栅栏，并悬挂"禁止入内"的警标，严禁人员入内。

【案例】某矿－330 m 52 采区三斜上掘进工作面临时停工，因水力引射器发生循环风造成巷道内瓦斯积聚，通风人员立即钉上栅栏并悬挂"严禁入内"的警标。11 月 22 日 11 时，采区 3 名技术员为准备复工，闯进栅栏，检查情况，当走进 44 m（盲巷全长 69 m）处时，全部窒息死亡，直到第二天才被发现。现场取样分析，不同气体浓度分别为：瓦斯为 43.9%，二氧化碳为 4.3%，氧气为 0.9%，氮气为 50.9%。

2. 瓦斯燃烧和爆炸

当瓦斯与空气混合达到一定浓度时，遇到高温火源就能燃烧或发生爆炸，一旦发生爆炸事故，会造成大量井下作业人员的伤亡，给国家和人民造成巨大损失。

【案例】2005 年 2 月 14 日，某矿由于冲击地压作用使瓦斯大量涌出，掘进工作面局部停风造成瓦斯积聚达到爆炸界限，工人违章带电检修临时配电点的照明信号综合保护装置时产生电火花，引起瓦斯爆炸，造成 214 人死亡、30 人受伤，直接经济损失达 4 968.9 万元。

二、矿井瓦斯涌出

受采动影响的煤层、岩层，以及由采落的煤、矸石向井下空间均匀地放出瓦斯的现象，称为瓦斯涌出。

（一）矿井瓦斯涌出形式

1. 普通涌出

普通涌出，是指瓦斯从采落的煤炭及煤层、岩层的暴露面上，通过细小的孔隙缓慢而长时间的涌出。瓦斯涌出时，首先是游离瓦斯，而后是部分解吸的吸附瓦斯。普通涌出是矿井瓦斯涌出的主要形式，不仅范围广，而且数量大。

2. 特殊涌出

如果煤层或岩层中含有大量瓦斯，采掘时，这些瓦斯有时会在极短的时间内，突然地、大量地涌出，可能还伴有煤粉、煤块或岩块，瓦斯的这种涌出形式称为特殊涌出。瓦斯特殊涌出是一种动力现象，分为瓦斯喷出和煤与瓦斯突出。瓦斯特殊涌出的范围是局部的、短暂的、突发性的，但其危害极大。

（二）矿井瓦斯涌出的来源

掌握矿井瓦斯涌出的来源，是实行瓦斯分源治理的前提条件。按照瓦斯涌出地点和分布状况的不同，瓦斯涌出来源可分为以下几种：

（1）煤岩壁瓦斯涌出，即：从采掘工作面及巷道周围的煤壁中涌出的瓦斯。

（2）采落煤炭瓦斯涌出，即：采掘工作面进行采煤和掘进时从落煤中涌出的瓦斯。

（3）采空区瓦斯涌出，即：从采空区的顶板、底板和浮煤中涌出的瓦斯。

（4）邻近煤层瓦斯涌出，即：从邻近煤层中的煤岩壁、巷壁和落煤中涌出的瓦斯。

（三）矿井瓦斯的涌出量

（1）绝对瓦斯涌出量，是指单位时间内涌入采掘空间的瓦斯数量的总和。它的单位是 m^3/min 或 m^3/d。

（2）相对瓦斯涌出量，是指矿井在正常生产情况下，平均每采 1 t 煤所涌出的瓦斯数量的总和。它的单位是 m^3/t。

三、矿井瓦斯等级的划分

《煤矿安全规程》规定：一个矿井中只要有一个煤（岩）层发现瓦斯，该矿井即为瓦斯矿井。瓦斯矿井必须依照矿井瓦斯等级进行管理。矿井瓦斯等级，根据矿井相对瓦斯涌出量、矿井绝对瓦斯涌出量和瓦斯涌出形式划分为：

（1）低瓦斯矿井，矿井相对瓦斯涌出量小于或等于 10 m^3/t

且矿井绝对瓦斯涌出量小于或等于 40 m^3/min。

（2）高瓦斯矿井，矿井相对瓦斯涌出量大于 10 m^3/t 或矿井绝对瓦斯涌出量大于 40 m^3/min。

（3）煤（岩）与瓦斯（二氧化碳）突出矿井。

四、瓦斯爆炸事故的防治

（一）瓦斯爆炸的条件

瓦斯爆炸必须同时具备以下三个条件，缺一不可。

（1）瓦斯爆炸浓度。瓦斯爆炸浓度界限为 5%～16%，当其浓度达 9.5%时爆炸威力最强。但瓦斯爆炸浓度并不是固定不变的，如果有其他可燃气体和粉尘混入，或者混合气体的压力和温度升高都会使瓦斯爆炸浓度界限扩大。

（2）引爆温度。在一般情况下，瓦斯引爆温度为 650～750 ℃。如明火、煤炭自燃、电气火花、吸烟、赤热的金属表面、爆破、安全灯网罩、架线火花、甚至撞击和摩擦产生的火花等都足以引燃瓦斯。

（3）充足的氧气。瓦斯爆炸时氧气浓度必须达到 12%以上。由于氧气含量低于 12%时，短时间内就能导致人窒息死亡，因此《煤矿安全规程》规定：井下工作地点的氧气含量不得低于 20%。因此，在正常生产的矿井中，不能采用降低空气中的氧气含量来防止瓦斯爆炸。

（二）瓦斯爆炸的危害

（1）产生冲击波。冲击波正向传播的峰值可达 0.2～2 MPa，当冲击波叠加时，其峰值更高可达 10 MPa。冲击波可造成人员的创伤，巷道支架的损坏，巷道冒顶，设备设施的破坏。冲击波还会扬起沉积在巷道中的煤尘，形成煤尘爆炸源。

（2）出现高温。紧跟在冲击波之后的是发生剧烈化学反应的高温火焰。火焰峰面的温度可达 2 150～2 650 ℃，可造成人体大面积皮肤烧伤或呼吸系统黏膜烧伤；同时可烧坏井下的电气设备，并可引燃井巷中的可燃物，产生新的火源。

（3）生成大量有害气体。瓦斯爆炸后的空气成分发生变化，氧含量下降到 6%～8%，二氧化碳增加到 4%～8%，特别是一氧化碳高达 2%～4%，会造成大批人员因窒息而死亡。这是瓦斯爆炸后造成人员大量伤亡的主要原因。

（三）预防瓦斯爆炸措施

1. 防止瓦斯积聚

防止瓦斯积聚主要措施有：

（1）加强通风。矿井通风是防止瓦斯积聚的基本措施，只有做到供风稳定、连续、有效，才能保证及时冲淡和排除瓦斯。局部通风机不得无计划停电停风，风筒不得破损、脱节，禁止微风和无风作业。高瓦斯矿井局部通风机必须使用"三专"（专用变压器、专用电缆、专用开关）、"两闭锁"（风电闭锁，瓦斯、电闭锁），如图 4-2 所示。

图 4-2　专用变压器、专用电缆、专用开关

（2）加强检查。一定要按规定的次数检查采掘工作面瓦斯和二氧化碳浓度（图 4-3）。低瓦斯矿井中每班至少 2 次检查；高瓦

斯矿井中每班至少 3 次检查；煤（岩）与瓦斯突出危险的采掘工作面、有瓦斯喷出危险的采掘工作面和瓦斯涌出量较大、变化异常的采掘工作面，必须有专人经常检查，并安设甲烷断电仪。

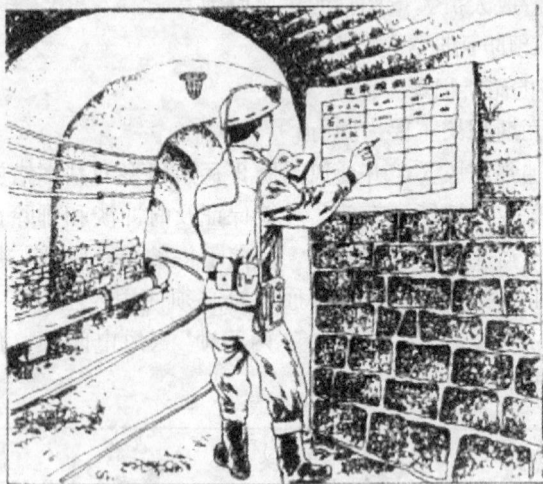

图 4-3　必须按规定检查瓦斯

（3）及时处理局部积聚的瓦斯。采煤工作面上隅角、顶板冒落空洞内和局部通风机送风达不到或不够量的掘进工作面等处容易积聚瓦斯。一旦发现，必须立即处理。

（4）抽放瓦斯。瓦斯涌出量大，采用通风方法解决瓦斯问题不合理时，应预先采取抽放措施，把开采时的瓦斯涌出量降下来，以便安全生产，如图 4-4 所示。

2. 杜绝引爆火源

对生产中可能产生的引爆火源，必须严加管理和控制。

（1）严禁携带烟草和火种下井，井下禁止使用灯泡和电炉取暖。

（2）不准穿化纤衣服下井。

（3）未经批准不得从事井下焊接作业（图 4-5）。

图 4-4 瓦斯抽放

图 4-5 未经批准井下严禁使用电焊

（4）电气设备防爆性能要好。井下供电应做到：无"鸡爪子"、"羊尾巴"和明接头，且各种保护符合规定（图 4-6）。井下应减少摩擦火花和撞击火花。

169

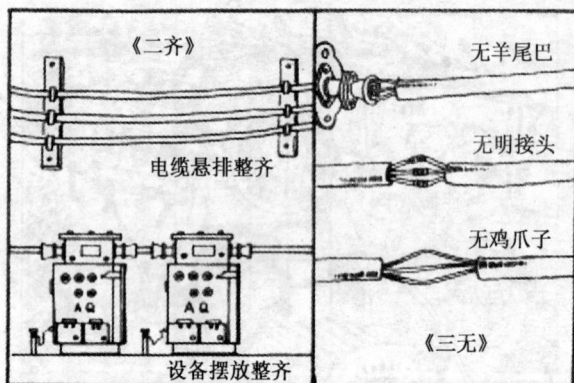

图 4-6　井下供电"二齐"、"三无"

3. 防止瓦斯事故扩大

一旦井下某地点发生瓦斯爆炸，应该把其限制在尽可能小的范围内，把损失降到最低程度。具体措施主要有分区通风和设置防、隔爆设施（图 4-7）。目前防、隔爆设施主要使用岩粉棚、隔爆水袋和撒布岩粉三种。

五、煤与瓦斯突出预兆和综合防突措施

（一）煤与瓦斯实出预兆

当井下作业现场发生以下煤与瓦斯突出预兆时，作业人员必须立即撤离现场，佩戴好自救器，迅速撤离到安全地点。

1. 有声预兆

（1）煤炮（指的是深部岩层或煤层的劈裂声）响声。

（2）支架变形响声，如支柱、顶梁折断或位移的声音。

（3）煤（岩）开裂、片帮或掉矸、底鼓发出的响声。

（4）瓦斯涌出异常，打钻喷瓦斯、喷煤，出现响声、风声和蜂鸣声。

（5）气体穿过含水裂隙的嘶嘶声。

隔爆措施：

设岩粉棚子

隔爆水幕和水槽棚

图 4-7 隔爆措施

2. 无声预兆

（1）煤层结构变化、层理紊乱、煤层变软、煤层厚度变大、倾角变陡、煤层由湿变干、光泽暗淡。

（2）煤层构造变化、挤压褶曲、波状起伏、顶底板阶梯凸起、出现新断层。

（3）瓦斯涌出量变化、瓦斯浓度忽大忽小、煤尘增大、气温变冷、气味异常。

（二）煤与瓦斯突出防治

按照《煤矿安全规程》规定，煤矿必须采取综合防突措施，即："四位一体"综合防突措施。综合防突措施包括突出危险性预测，防治突出措施，防突的效果检验和安全防护。

1. 突出危险性预测

突出矿井要进行突出危险性预测，目的在于区分不同煤层、同一煤层的不同区域及不同采掘工作面的突出危险性，以便采取不同的技术、管理措施，提高防突工作的准确性、经济性。一般预测分两大类：一是预测煤层和煤层的某一区域的突出危险性；二是预测工作面突出的危险性。

171

2. 防治突出措施

(1) 区域性防突措施。

区域性防突措施主要为开采保护层。在突出矿井开采煤层群时，首先应选择无突出危险或突出危险较小的煤层作为保护层，先采保护层，后采其他煤层。开采有瓦斯或二氧化碳喷出煤层的防突措施如图4-8所示。

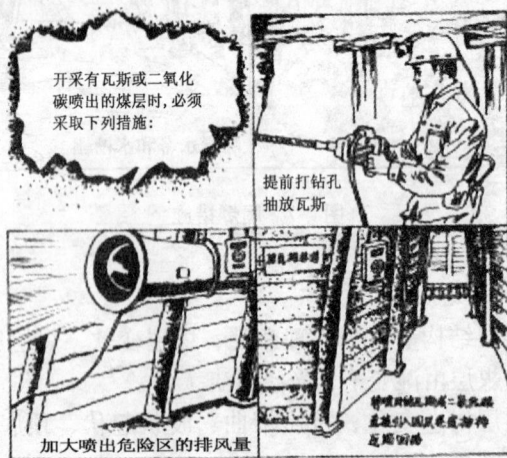

图4-8 开采有瓦斯或二氧化碳喷出煤层的防突措施

(2) 局部防突措施。

所谓局部性防突措施，是指对煤矿井下某一地点、工作面或巷道等局部范围内起防突作用的措施而言。其一般有以下措施：

① 震动性爆破。在有突出危险地点增加炮眼数，加大炸药量，一次炸开巷道全断面，诱发突出。

② 水力冲孔。向煤层内打钻后，利用高压水射流的冲击作用，在工作面前方煤体内冲出一定孔道，以加速瓦斯排放，扩大卸压范围，预防突出。

③ 钻孔局部瓦斯排放。向煤层打多排钻孔，使煤层瓦斯从钻孔中自然排放出来，以降低瓦斯压力，预防突出。

④ 大直径超前钻孔。在掘进工作面前方打直径 200～300 mm 的钻孔，用于排放瓦斯和卸压，预防突出。

⑤ 松动爆破。利用炸药在钻孔内爆破，松动煤体，产生裂隙，使应力集中向深部转移，预防突出。

⑥ 煤层高压注水。预先在煤层内打钻，注入高压水，湿润煤体，转移瓦斯，减少应力，预防突出。

⑦ 金属骨架。在石门掘至煤层一定距离时，暂停掘进，在石门断面顶部及两帮打钻孔，插入骨架，形成整体防护，预防突出。

3. 防突效果检验

(1) 开采保护层时，应在被保护层掘进巷道时进行防突效果检验。

(2) 对预抽瓦斯防治突出的效果检验应在煤巷掘进时进行。

(3) 石门防治突出措施执行后，应采取钻屑指标等方法及时进行效果检验。

(4) 煤巷掘进工作面执行防突措施后，应及时打检验钻孔进行效果检验。

(5) 采煤工作面执行防突措施后，应在措施孔之间打检验孔进行效果检验。

只有检验的指标小于各自煤层突出危险临界值时，才能认为防突措施有效；反之，认为防突措施无效，应立即采取补充防治突出的措施。

4. 安全防护措施

(1) 石门揭穿突出煤层时的震动性爆破。

(2) 加强矿井通风。要求突出区域通风系统合理，突出矿井采掘工作面严禁串联通风，在进风侧必须设置至少 2 道反向风门。

(3) 采掘工作面远距离爆破。有突出危险的采掘工作面必须采用远距离爆破，爆破地点在进风侧反向风门之外，距工作面距离必须在措施中明确规定。爆破后距进入工作面检查的时间不得

173

小于 30 min。

（4）设置避难硐室或压风自救系统。避难硐室或压风自救系统设在有突出危险的采掘工作面附近。避难硐室内设施应齐全、供风应良好。作业人员应熟悉避灾路线。

（5）入井人员携带隔离式自救器。

六、煤矿瓦斯治理的十二字方针

1. 先抽后采

先抽后采是利用一切可利用的条件和一切能够采用的技术手段，将煤层瓦斯预抽到有关规定的指标以下后，再进行煤炭开采（图 4-9）。

图 4-9 将煤层瓦斯预抽后再进行煤炭开采

2. 监测监控。

监测监控是采用瓦斯检测、控制仪器和装备，及时掌握瓦斯涌出异常情况，并加以断电控制（图 4-10）。监测监控的目的就

图 4-10　加强对瓦斯的监测监控

是预防发生瓦斯超限和积聚等隐患，从而控制瓦斯事故。

3. 以风定产

矿井通风是有效遏制瓦斯事故的重要途径。以风定产指的是，按照《煤矿通风能力核定办法（试行）》每年进行一次矿井通风能力核定工作，根据核定的矿井通风能力科学合理地组织生产，严禁超通风能力进行生产。

第二节　矿尘防治

矿尘（又叫粉尘）是矿井在生产过程中所产生的各种矿物细微颗粒的总称。悬浮于空气中的矿尘叫做浮尘，沉落下来的矿尘叫做落尘。

一、矿尘的产生

产生矿尘的地点和工序主要有：

（1）采掘工作面割煤、钻眼、爆破、装载、推移液压支架和回柱放顶，放顶煤开采的放煤口，锚喷支护。

（2）井下煤仓放煤口、溜煤眼放煤口、转载机转载点、破碎机。

（3）输送机转载点和卸载点、装煤点、煤炭运输大巷。

二、矿尘的危害

1. 对人体健康的危害

工人长期在有矿尘的环境中作业，吸入大量的矿尘，轻者会引起呼吸道炎症，重者会导致尘肺病，严重地影响人体的健康和寿命。

2. 煤尘爆炸

具有爆炸性的煤尘，在一定条件下能引起爆炸，造成人员伤亡、设备破坏，甚至毁坏整个矿井。煤尘爆炸是煤矿五大灾害之一。

【案例】某矿煤尘具有爆炸危险性，井下生产运输过程中大量煤尘飞扬，致使井下维修硐室的煤尘达到爆炸浓度；工人违章在维修硐室焊接三轮车时产生的高温焊弧引爆煤尘，最终发生一起特大煤尘爆炸事故，造成 33 人死亡，直接经济损失 293.3 万元。

3. 污染劳动环境

井下作业现场矿尘浓度过高，不仅影响劳动效率，而且会遮挡作业人员的视线，影响操作，不能及时发现事故隐患，容易发生人身事故，对安全生产不利。

三、煤尘爆炸及其预防措施

（一）煤尘爆炸的条件

煤尘爆炸必须同时具备以下三个条件，缺一不可。

（1）煤尘本身具有爆炸性，而且煤尘必须悬浮在空气中，并达到一定的浓度。试验表明，煤尘爆炸下限浓度为 45 g/m³，上限浓度为 1 500～2 000 g/m³，爆炸力最强的煤尘浓度为 300～400 g/m³。

（2）存在有引爆的热源，热源温度一般为 700～800 ℃。

（3）空气中氧浓度不低于 18%。

（二）影响煤尘爆炸的因素

影响煤尘爆炸的因素很多，包括煤的性质、化学组成、粒度以及外界条件等。

1. 煤的挥发分含量

煤的可燃挥发分含量越高，越容易爆炸。我国煤田的煤质按挥发分含量逐渐增高的顺序分为：无烟煤、贫煤、焦煤、肥煤、气煤、长焰煤和褐煤。

2. 煤的灰分和水分

灰分是不可燃物质。灰分增加，其爆炸性降低。灰分能吸收热量，起降温阻燃作用和加速煤尘沉降。水分对尘粒有黏结作用，降低飞扬能力，还有吸热、降温、阻燃作用。当灰分达到 40% 以上时或水分很大时，达到手捏成团不散的程度才能完全阻止爆炸。

3. 煤尘浓度

煤尘爆炸的下限浓度为 45 g/m³，爆炸强度最大的浓度为 300～400 g/m³。一般情况下，井下煤尘很难形成大于 45 g/m³ 的浓度，但是当巷道中的落尘受到冲击和震动、气流的吹扬或其他原因再次扬起后，就足以达到爆炸浓度。

4. 煤尘粒度

直径小于 1 mm 的煤尘都能参与爆炸，粒度越小，爆炸性越强。爆炸的主体是直径小于 75 μm 的煤尘；但煤尘粒度过小，小于 10 μm 时，其爆炸性反而减弱，这是由于过细的尘粒在空气中会很快氧化成灰烬所致。

5. 矿井瓦斯浓度

矿井空气中有瓦斯存在时，煤尘爆炸的下限浓度降低；瓦斯浓度越高，则煤尘爆炸的下限浓度越低。我国试验得出的瓦斯浓度与煤尘爆炸下限浓度的关系如表 4-1 所列。

表 4-1 瓦斯浓度与煤尘爆炸下限浓度的关系

空气中的瓦斯浓度/%	0.5	1.4	2.5	3.5
煤尘爆炸下限浓度/($g \cdot m^3$)	34.5	26.4	15.5	6.1

6. 空气中的氧含量

空气中的氧含量高时，点燃煤尘的温度可以低些；反之，则点燃困难。当氧含量低于 18% 时，煤尘则不再爆炸。

（三）煤尘爆炸的危害

煤尘爆炸的危害与瓦斯爆炸相同，只是程度不一样。煤尘爆炸的危害主要表现在以下三个方面：

（1）产生高温。煤尘爆炸产生的气体温度高达 2 300～2 500 ℃，爆炸火焰最大传播速度为 1 120～1 800 m/s。

（2）产生高压。煤尘爆炸的理论压力为 735.5 kPa。高压产生巨大冲击波（正向冲击波和反向冲击波），冲击波速度可达 2 340 m/s。

（3）形成大量有害气体。煤尘爆炸后产生大量的二氧化碳和一氧化碳，一氧化碳浓度一般为 2%～3%，个别可高达 8%。这是造成人员大量伤亡的主要原因。

（四）预防煤尘爆炸措施

1. 降低煤尘浓度措施

生产过程中减少煤尘产生量和避免煤尘悬浮飞扬，是防止煤尘爆炸的根本措施。

（1）掘进巷道必须采取湿式钻眼、冲洗顶帮、水炮泥、爆破喷雾、装煤洒水和净化风流（图4-11）。

图4-11　掘进巷道应当装煤洒水

（2）采煤工作面应采取煤层注水。回风巷应安设风流净化水幕。

（3）炮采工作面应采取湿式钻眼、水炮泥、冲洗煤壁、爆破喷雾、洒水装煤（图4-12）。

（4）采煤机和掘进机必须安装内、外喷雾装置，截割煤层时必须喷雾降尘，无水时停机。

（5）液压支架和放顶煤采煤工作面的放煤口，必须安装喷雾装置，降柱、移架或放煤时同时喷雾。

（6）破碎机必须安装防尘罩和喷雾装置或除尘器。

（7）井下煤仓放煤口、溜煤眼放煤口、输送机转载点和卸载点都必须安装喷雾装置或除尘器，作业时进行喷雾降尘或用除尘器除尘。

（8）井下所有煤仓和溜煤眼都应保持一定的存煤，不得放空；溜煤眼不得兼作风眼使用。

（9）必须及时排除矿井巷道中的浮煤，清扫或冲洗沉积煤

图 4-12　炮采工作面应当爆破喷雾

尘，定期撒布岩粉和主要大巷刷浆（图 4-13）。

（10）确定合理的风速，有效地稀释和排除浮煤，防止过量落尘。

【案例】某煤矿因带式输送机开关短路引起火灾，该矿组织灭火人员进入现场时踏起的落尘飘入火区发生煤尘爆炸，造成 10 名救护队员和参加灭火的 13 名人员死亡。

2. 杜绝引爆火源措施

杜绝引爆火源措施同预防瓦斯引爆火源措施。

3. 防止爆炸事故扩大的措施

爆炸事故发生后，产生的冲击波的传播速度远大于火焰的传播速度，当冲击波将巷道落尘扬起时，高温火焰接踵而至，就会引发第二次煤尘爆炸。为了控制爆炸波及的范围和防止发生第二次、第三次甚至更多次连续爆炸，按照《煤矿安全规程》规定，必须安设隔绝煤尘爆炸的设施。这些设施主要包括以下三种：

（1）隔爆水棚。隔爆水棚是指安设有隔爆水袋和隔爆水槽的

图 4-13 及时清扫或冲洗沉积煤尘

支架。当爆炸冲击波摧翻隔爆水棚的水袋或水槽后，将水变为水幕，爆炸的高温将水汽化为气幕，吸收大量热量，致使爆炸火焰熄灭而不致扩展蔓延。隔爆水棚分为水袋棚和水槽棚。它们的使用范围和安设方法有所不同，使用时必须注意。

（2）隔爆岩粉棚。在缺水、湿度小的矿井可选用岩粉棚进行隔爆。岩粉在爆炸冲击波作用下从翻转的木板上散落下来，形成岩粉云带，将滞后的火焰扑灭，实现隔绝连续爆炸的目的。

（3）自动式隔爆棚。自动式隔爆棚是近年来许多国家采用的一种新型隔爆设施，对抑制爆炸具有很好的效果。自动式隔爆棚是利用传感器测量爆炸时的各种参数，并准确计算火焰传播速度，选择恰当的时间，喷射出灭火剂而阻隔爆炸。

第三节　矿井火灾事故防治

矿井火灾是指发生在煤矿井下及地面井口附近，威胁到矿井安全生产和井下人员安全的火灾。矿井火灾是煤矿五大自然灾害之一。根据热源不同，矿井火灾分为内因火灾和外因火灾。

一、矿井内因火灾的防治

内因火灾是指在没有外来火源条件下，煤炭或其他可燃物本身因接触空气氧化发热而燃烧起火的火灾。

内因火灾多发生于采空区停采线、遗留的煤柱、破裂的煤壁、煤巷高顶处、假顶工作面、巷道及任何浮煤堆积的地方。

【案例】某煤矿已采 11 号煤层的底部，巷顶残留煤柱破碎、裸露、漏风，引起煤炭氧化升温自燃，导致火灾事故，造成 31 人死亡。

（一）内因火灾的特征

（1）内因火灾的发生、发展有一个过程，且有预兆，人们可以通过感觉器官觉察煤炭自燃的初期特征。

（2）火源隐蔽、难于发现，也难于扑灭。

（3）火燃烧时间长，有的可持续几个月、几年、几十年甚至更长。

煤炭自燃先决条件是煤本身具有自燃倾向性，加上散热条件不好、热量不断积聚，煤体达到一定温度后，氧化速度加快，温度持续上升到着火温度，引起自燃。煤炭自燃可分为两个阶段：一是煤炭自燃准备阶段，在这个阶段中，自燃征兆开始是觉察不到的，但外部征兆越来越明显，如发火区段内出现雾气，巷道壁"挂汗"，井口、巷道口、地面裂缝出现水汽，出现煤油味、汽油味或焦油味，空气温度、巷道壁温度、矿井水温度上升，人员疲劳；二是煤炭自燃阶段，此阶段温度上升达着火温度，出现烟火。

（二）内因火灾的危害

矿井火灾大多数是由内因火灾引起的，它对煤矿的主要危害如下：

（1）煤炭不完全燃烧，产生 CO。煤炭自燃时会产生很多有毒有害气体，特别是 CO 易使井下人员中毒甚至死亡。

（2）烧毁大量煤炭资源。煤炭自燃后，煤质降低，特别是大面积自燃，可冻结大量可采煤炭。

（3）可引起瓦斯、煤尘爆炸。煤炭自燃后，作为新的火源点，可引起爆炸事故。

（4）直接影响生产。一旦煤炭自燃，就直接影响矿井正常生产秩序，消耗人力物力灭火，在经济上造成损失。

（三）矿井内因火灾的预防措施

由于内因火灾隐蔽、难于扑灭，因此防治内因火灾应以预防为主。其主要预防措施如下：

（1）正确选择开拓方式、巷道布置方法与采煤方法。开采自然发火严重的厚煤层或近距离煤层群时，尽量将运输大巷、回风大巷、采区上下山、集中运输平巷和集中回风平巷等服务时间较长的巷道布置在煤层底板的岩石中。避免高落式、房柱式等不合理的采煤方法。提高回采率、加快回采速度，使工作面在自然发火期前结束，并进行封闭。

（2）实行均压防灭火。确保矿井通风网络合理，风流稳定，漏风量小；尽量增加漏风风阻，降低漏风风路两端的风压差。

（3）预防性灌浆。将水、浆材按适当的比例混合，制成一定浓度浆液，借助输浆管路送往可能发生自燃的地区。其作用是隔绝碎煤与空气的接触，增加采空区密闭效果，并对已发生温度升高的煤炭有冷却作用。

（4）阻化剂防火。阻化剂是一种吸水性很强无机盐类或某些工厂的废液、副产品。将它们喷洒于煤壁或采空区或注入煤体内，使煤炭与氧气接触面减少，降低煤的氧化能力，同时可以起降温作用，预防煤炭自燃。

（5）惰性气体防灭火。向采空区内注入惰性气体，由于惰性气体较稳定、不助燃，可减少采空区内氧含量，使煤炭隔氧、降低氧化速度，预防自燃。

（6）打钻孔防火。用钻机向远离现有巷道的高温点以及有发火危险的地点打钻，然后向其内注水，若空隙较大，则可先注河砂将空隙堵满，然后再注入泥浆或其他阻化剂。

（7）挖出热源防火法。直接将火源或高温炽热物挖出来，以根除火灾隐患。

二、矿井外因火灾的防治

矿井外因火灾是指由外来热源引起的火灾。矿井外因火灾多发生于井口房、井筒、机电硐室、火药库以及安装机电设备的巷道或工作面等地点。

（一）矿井外因火灾的原因

矿井发生外因火灾的原因很多，主要有：

（1）存在明火。吸烟、电焊、火焊、喷灯及电炉、大灯泡取暖等都能引起燃烧而导致外因火灾。

（2）出现电火。由于电气设备管理不善或性能不好，如电钻、电机、变压器、开关、插销、接线三通、电铃、打点器、电缆等出现损坏、过负荷、短路等，引起电火花，引燃可燃物。

（3）爆破火引起外因火灾。不按规定爆破，放明炮、糊炮、空心炮或用动力电缆爆破，不装水炮泥，炮眼深度不够，最小抵抗线不合规定，使用质量不合格炸药都可引燃可燃物。

（4）爆炸事故引起外因火灾。矿井发生瓦斯或煤尘爆炸引燃可燃物。

（5）机械摩擦或物体碰撞引燃可燃物。

（二）矿井外因火灾的特征

外因火灾和内因火灾相比，有如下几个特征：

（1）发生突然。常出乎人们的意料。

（2）来势凶猛。起初也许火源较小，但处理不及时，火势很容易扩大。

（3）外因火灾的燃烧往往在表面，所以，如果措施得当就能较易扑灭。

（三）矿井外因火灾的危害

外因火灾尽管比内因火灾次数少，但对矿井的危害比较大，主要危害有：

（1）使井下人员中毒。外因火灾出现时，可燃物燃烧会产生大量有毒有害气体，使人员窒息或中毒。

（2）直接烧毁设备或设施。

（3）产生火风压。火势较大时，产生火风压，破坏通风系统，扩大事故，并给灭火工作造成困难。

（4）容易引起瓦斯、煤尘爆炸。可燃物燃烧时，产生大量可燃气体，加剧瓦斯、煤尘爆炸，同时可直接作为引爆火源。

（四）矿井外因火灾的预防措施

防治矿井外因火灾首先要采取一些预防措施，当火灾出现时，还应采用适当的灭火方法。其预防措施主要有：

（1）防止井下出现明火。严禁使用明火，严禁吸烟；严禁使用火电焊，必须使用时，要制定专门的措施并报批；井口房和通风机房附近 20 m 内，不得有烟火或用火炉取暖。

（2）防止井下出现电火。井下电气设备防爆性能要好；电缆敷设应符合规定，过流、接地、检漏装置等保护要齐全；严禁井下使用灯泡取暖或使用电炉。

（3）防止井下出现爆破火。爆破器材符合要求；不准放明炮、糊炮，不准用明火或动力线进行爆破（图 4-14）；炮眼封泥符合要求，并使用水炮泥；严格按规定装药、连线、起爆。

三、井下直接灭火方法

矿井火灾发生初期，一般火势不大，人员可以接近火源，火灾容易被扑灭。假若人员见火逃跑，贻误灭火良机，一旦火势蔓延起来，再灭火就困难了，甚至会造成重大火灾事故。所以，按照《煤矿安全规程》规定，任何人发现井下火灾时应视火灾性质、灾区通风和瓦斯情况，立即采取一切可能的方法直接灭火，控制火势，并迅速报告矿调度室。当采取直接灭火难以控制火势时必须采取其他间接灭火措施或封闭火区。

井下直接灭火主要有以下几种方法。

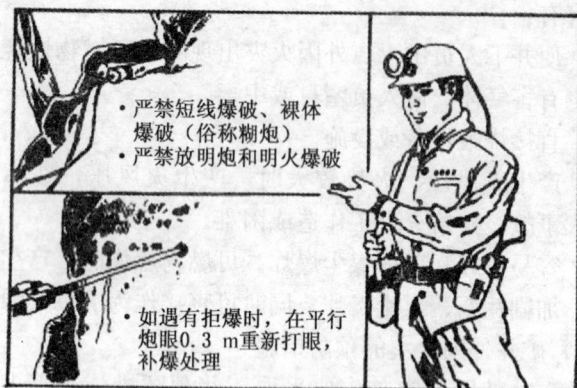

图 4-14　严禁放明炮、糊炮

1. 直接挖出火源

（1）火源范围小，且能直接到达。

（2）可燃物温度已降至 70 ℃以下，且无复燃或引燃其他物质的危险。

（3）无瓦斯或火灾气体爆炸的危险。

（4）风流稳定，无一氧化碳等中毒危险。

（5）挖出的炽热物，应混以惰性物质以阻燃。

2. 用水直接灭火

用水灭火操作方便，灭火迅速、彻底，所需费用也比较少（图 4-15）。

（1）应先从火源外围逐渐向火源中心喷射水流，以免产生大量水蒸气和灼热的煤渣飞溅，伤害灭火人员。

（2）应有足够水量，以防止水在高温作用下分解成氢气和一氧化碳，形成爆炸性混合气体。

（3）应保持正常通风，以使高温烟气和水蒸气直接导入回风流中。

（4）用水扑灭电气设备火灾时，应先切断电源。

（5）因为水比油重，故不宜用水扑灭油类火灾。

图 4-15　用水灭火

（6）要经常检查火区附近的瓦斯浓度。

（7）灭火人员只准站在进风侧，不准站在回风侧，以防高温烟流伤人或使人中毒。

3. 用砂子或岩粉直接灭火

用砂子或岩粉直接掩盖火源，将燃烧物与空气隔绝，使火熄灭。此外，砂子和岩粉不导电，并能吸收液体物质，因此，可以用来扑灭油类或电气火灾。

但是，当炸药发生燃烧现象时，千万不能用砂子或岩粉直接掩盖炸药，否则，由于内部压力剧增，燃烧将迅速转变为爆炸。

4. 用干粉、泡沫灭火

干粉灭火就是粉末在高温作用下，发生一连串的吸热分解反应，将火灾扑灭。它对初起的外因火灾有良好的灭火效果。

灭火泡沫有空气机械泡沫和化学泡沫。高倍泡沫灭火的作用实质是增大了用水灭火的有效性，大量的泡沫被送往火源地点起着覆盖燃烧物和隔绝空气的作用。此外，水蒸气还能降温、稀释氧浓度，具有抑制燃烧、熄灭火源的作用。这种方法灭火速度快、效果好，可以远距离操作，从而保证灭火人员安全，灭火后恢复工作也较简单，而且成本低、水耗少、无毒无腐蚀性，因此应用的比较广范。

使用干粉灭火器时，要一手握住喷咀胶管，另一手打开阀门，将干粉喷射到燃烧物上（图 4-16）。为防止堵塞，应首先将灭火器上下颠倒数次，使药粉松动。

图 4-16　使用干粉灭火器灭火

第四节　顶板事故预防

顶板事故是指在地下采煤过程中，顶板意外冒落造成人员伤亡、设备损坏、生产中止等事故。顶板事故是煤矿生产的主要灾害之一。

一、矿井顶板事故的特点

顶板事故一般具有四方面特点。以 2008 年的统计数据为例来介绍顶板事故特点。

（1）发生频率高。全国煤矿顶板事故起数共 1 032 起，占全国煤矿事故总起数的 52.8%（图 4-17）。

（2）累计死亡人数多。全国煤矿顶板事故死亡人数共 1 222 人，占全国煤矿事故总死亡人数的 38.0%（图 4-18）。

（3）较大及以上事故少。在一次死亡 3 人以上较大事故中，

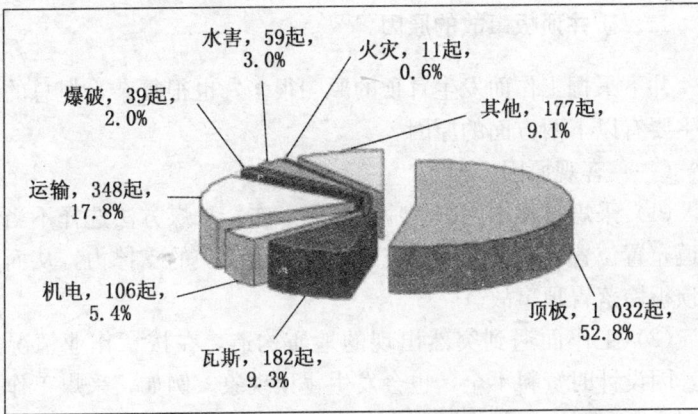

图 4-17　煤矿顶板事故起数及所占比例

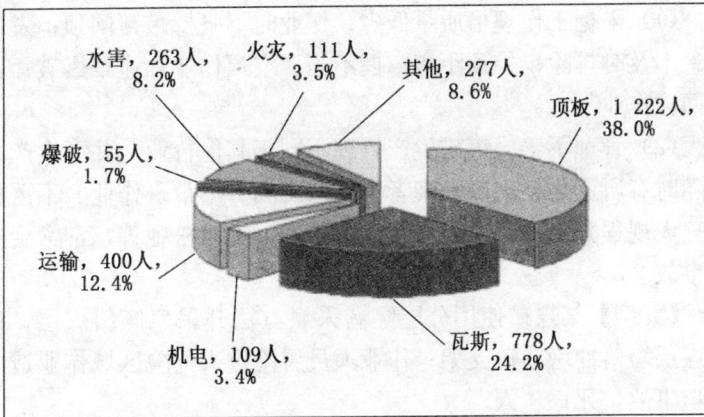

图 4-18　煤矿顶板事故死亡人数及所占比例

顶板事故 23 起仅占 19.5％；死亡人数共 97 人，占全国煤矿较大事故总死亡人数的 18.1％。未发生重大以上顶板事故。

（4）一次死亡人数少。顶板事故的每次死亡平均人数为 1.18 人/起。

189

二、矿井顶板事故的原因

井下采掘工作面发生冒顶的原因很多，也很复杂，但总的来说主要有以下两方面的原因。

（一）客观原因

（1）采煤过程中因围岩应力重新分布、采煤方法选择不当和巷道布置位置不合理，所需支承压力大于支护的支撑力，从而造成顶板垮落冒顶事故。

（2）工作面遇到突然出现的地质构造，在按章作业情况之下，因设计时资料不全，也会发生冒顶现象。例如，采煤工作面出现小断层时，工作中没注意分析与观察，采取通常的支护方法往往发生冒顶事故。

（二）主观原因

（1）采掘工作规格质量低劣；作业时不坚持敲帮问顶；发现隐患不及时排除；控顶距离掌握不当；空顶作业；违章爆破；冒险回柱作业。

（2）管理不善。煤矿生产管理不同于其他行业，井下生产条件随时有所变化，生产管理者不深入现场、不带班作业、不严格按三大规程办事、盲目开采、违章指挥、纪律松弛等，常常会造成事故。

【案例】某煤矿使用分层穿巷采煤方法开采急倾斜煤层，顶部煤层垮落冲垮巷道支架；作业人员冒险进入危险区域作业造成冒顶事故，死亡 4 人。

三、矿井顶板事故的预兆

冒顶预兆一般有以下 10 种现象：

（1）响声。顶板压力急剧增大时会发出很多种响声，如金属铰接顶梁扁销被压挤出的撞击声、基本顶断裂的板炮声、直接顶受压的碎裂声等。

（2）漏液。顶板来压下沉，使支架载荷迅速上升，单体液压支柱和自移式液压支架安全阀出现自动漏液现象。

（3）掉渣。顶板严重破裂时出现掉渣现象，掉渣越多，说明顶板压力越大。

（4）片帮。冒顶前煤壁因所承受的支承压力增加，煤变松软，片帮程度更为严重，甚至还出现煤的压出和突出现象。

（5）裂隙。冒顶到来之前会出现新增裂隙或原有裂隙加宽、加深现象。

（6）淋水。原本无水的顶板出现淋水；有淋水的顶板，淋水量增加。

（7）漏顶。破碎的伪顶或直接顶，在顶板压力急增时，会因背顶不严或支架不牢而出现漏顶现象。

（8）离层。顶板将要冒落时，往往出现离层现象，采用敲帮问顶的方法不易发现，当基本顶垮落时，则将发生没有预兆的大面积冒顶事故。

（9）变形。由于顶板压力的作用，支架出现歪扭变形现象，难以控制顶板，会立即冒顶。

（10）瓦斯涌出。冒顶前有时瓦斯涌出量突然增加。

四、现场判断顶板冒落危险的方法

现场作业人员识别顶板冒落危险有以下四种常用方法。

1. 敲帮问顶法

敲帮问顶法指的是人员站在安全地点，用手镐或专用工具敲击顶板、煤壁（两帮），以判断其完整性和稳定性的一种方法。按照《煤矿安全规程》规定，必须严格执行敲帮问顶制度。

敲帮问顶人员应当站在顶板较完整的地点和避开因敲击引起顶板下落的地点；监护人员应站在敲帮问顶人员的侧后方安全地点，并保证两人的退路畅通。

敲帮问顶识别方法具体内容为：

（1）听声法。当敲击顶板、煤壁（或两帮）时，若发出"当当"的清脆响声，则表明它们完整，不会出现冒顶和片帮；若发

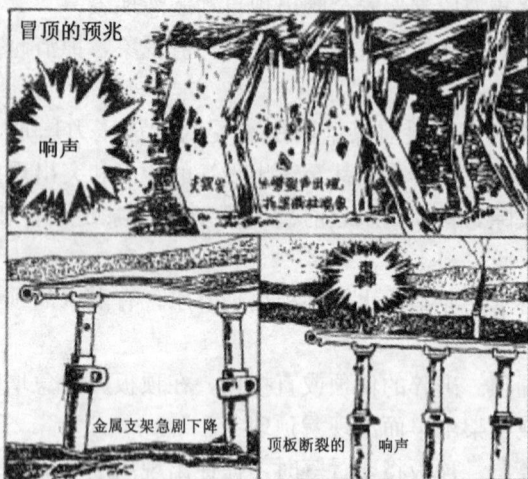

图 4-19　冒顶的预兆

图 4-20　严格执行敲帮问顶制度

出"噗噗"的沉闷响声，则表明它们已经松动、离层或断裂，很有可能发生冒顶和片帮，必须立即撬下这些浮石。

（2）震动法。敲帮问顶时，如果发生清脆回声，接着应用手指紧贴顶板、煤壁（或两帮），再用工具敲击它们，这时手指没有震动感觉，表明它们没有发生剥离或断裂现象，是安全的；如果手指有震动感觉，即使回声清脆，也有可能存在大块岩石与顶帮离层危险，必须立即加强支护。

【案例】某煤业有限公司石门沟井，一名矿工随同队长及班长下井维修时，发现头顶有一碗口大的石块，随即用工具撬石块，不幸被掉下的石块击中太阳穴，后抢救无效身亡，其他两位矿工平安无事。

2. 木楔法

木楔法指的是在采掘工作面顶板的裂缝中插入一个木楔，观察木楔是否变得松动或者掉出，以测试顶板裂缝是否变宽、变大的一种顶板完整性识别方法（图 4-21）。

原本插紧的木楔，过一段时间后，出现松动或掉出，表明顶板裂缝在矿山压力作用下正在逐渐加宽、增大，即可识别存在冒顶危险，必须采取措施进行处理。

图 4-21　木楔法测试顶板完整性

3. 信号柱法

信号柱法指的是在采煤工作面设置一根木柱（直径不大于 50 mm），观察木柱是否被压劈、折断，以判断顶板是否下沉的一种方法。

木柱受顶板下沉压力后，很容易被压劈甚至折断，并发出声响，这时有发生冒顶危险，必须加固支架或停止作业、撤出人员。

4. 顶板"四量"观测法

顶板"四量"指的是顶板下沉量、顶板下沉速度、顶板压力和顶底板移近量。

通过对顶板"四量"的观测，掌握顶板活动规律，结合观察顶板冒落前的预兆进行顶板活动的预测预报工作，使作业人员及时采取措施预防冒顶或者在冒顶发生前撤出受威胁人员，避免人员伤亡。

目前，我国煤矿已应用了综合、自动监测及分析的"煤矿顶板安全管理系统"，对煤矿顶板实现实时动态监控、分析和咨询，效果良好。

五、预防冒顶的一般要求

一般来说，预防冒顶应当符合以下一般要求：

（1）加强采掘工程质量，严格执行质量标准。严禁在浮煤、矸石上架设支架，所有支架都必须迎山有劲（图 4-22）。

（2）严格控制支护密度，按作业规程规定，不得随意加大和缩小（图 4-23）。

（3）炮眼布置、装药量和一次爆破距离都必须按章操作，防止爆坏、崩倒支架、崩冒顶板。

（4）严禁空顶作业。坚持敲帮问顶。掘进工作面使用前探梁。

（5）严禁冒险回柱放顶。

（6）特殊条件下要采取有针对性的安全技术措施。

（7）不断提高安全操作技能。严禁违章指挥、违章作业。

图 4-22　支架必须迎山有劲

图 4-23　不得随意加大支护密度

六、采煤工作面顶板事故预防措施

按照发生冒顶事故的力学原因，可将采煤工作面顶板事故分

195

为三大类：坚硬顶板压垮型冒顶、破碎顶板漏垮型冒顶、复合顶板摧垮型冒顶。

1. 坚硬顶板压垮型冒顶

坚硬顶板压垮型冒顶指的是采空区内大面积悬露的坚硬顶板在短时间内突然塌落，将工作面压垮而造成的大型顶板事故。

【案例】某煤矿由于开采深度大、煤层顶板坚硬，在地应力和采动应力共同作用下巷道周围煤岩体弹性变形能聚积，扩修巷道支架、清落巷道底板诱发围岩聚积的能量在短时间内急剧释放，导致 21201 综采工作面下副巷外口以里 725～830 m 处巷道，发生一起冲击地压事故，巷道围岩瞬间释放的巨大能量致使 105 m 长的巷道发生严重底鼓，断面由 10 m^2 左右急剧缩小到 1 m^2 左右，巷道内的带式输送机架子和托辊被挤到巷道顶梁上。21201 综采工作面上安全出口处瓦斯浓度升高至 6% 左右、风速降至 0.1～0.2 m/min。该事故造成 13 人死亡、11 人受伤，直接经济损失 949.45 万元。

坚硬顶板压垮型冒顶事故的预防措施是：改变顶板岩层的物理力学性质及减小顶板悬露面积，加强工作面支护。

（1）顶板高压注水。从工作面平巷向顶板打深孔，进行高压注水。通过顶板注水可以弱化顶板和扩大岩体中的裂隙及弱面，使顶板岩石强度显著降低。

（2）强制放顶。采用爆破方法人为地将顶板切断，控制顶板悬露和冒落面积，减弱顶板冒落时对工作面产生的冲击力。爆破时主要在工作面内向放顶线处进行钻孔，也有的在工作面上下平巷内向顶板进行钻孔。但放顶煤开采时应在工作面未采动区进行预裂爆破坚硬顶板，严禁在工作面内采用炸药爆破方法处理顶板。

（3）加强支护（图 4-24）。在工作面加打木垛、抬棚、戗柱等特殊支护，加密支柱等，或选择工作阻力大的垛式自移液压支架。

图 4-24　加强采掘工作面支护

2. 破碎顶板漏垮型冒顶

在采煤工作面某个地点由于支护失效而发生局部漏冒，破碎顶板就有可能从该处开始沿工作面往上全部漏完，造成支架失稳，导致漏垮型冒顶事故。

破碎顶板漏垮型冒顶事故的预防措施是：首先要求支护完整，不致出现顶板局部漏洞；若出现局部漏洞，则立即加以堵塞，以防其进一步扩大。

（1）选用合适的支柱，使工作面支护系统有足够的支撑力和可缩性。

（2）顶板必须插严背实。

（3）避免因爆破、推移输送机、回柱放顶和移动绞车等机械设备时，撞、刮倒工作面基本支柱，防止出现局部冒顶。

（4）一旦出现局部冒顶，即使是很小范围内的一个漏洞，也必须及时将其维护好，不再漏冒碎矸（图 4-25）。

3. 复合顶板摧垮型冒顶

复合顶板指的是由下软上硬多层岩石组成的顶板。在工作面开采过程中，由于下部软岩下沉，与上部硬岩离层，支架处于失

197

图 4-25　及时维护好漏矸处，防止形成大冒顶

稳状态。一旦遇有外力作用，工作面支架因水平方向的推力而发生倾倒，造成摧垮型冒顶事故。

复合顶板摧垮型冒顶事故的预防措施是：

（1）在工作面上下平巷掘进时不要破坏其复合顶板，应托伪顶施工。

（2）工作面初次推采时不要向采空区侧前进。

（3）避免上下平巷与工作面斜交形成三角形。

（4）严禁仰斜开采。

（5）提高支柱的初撑力（图 4-26）。

（6）用拉钩器将工作面支架上下连成一体。

（7）灵活地应用戗柱或戗棚，使它们迎着顶板岩层可能推移的方向支设（图 4-27）。

七、巷道顶板事故预防措施

井下巷道常发生冒顶的部位、冒顶原因和预防措施如下。

图 4-26　提高支柱的初撑力

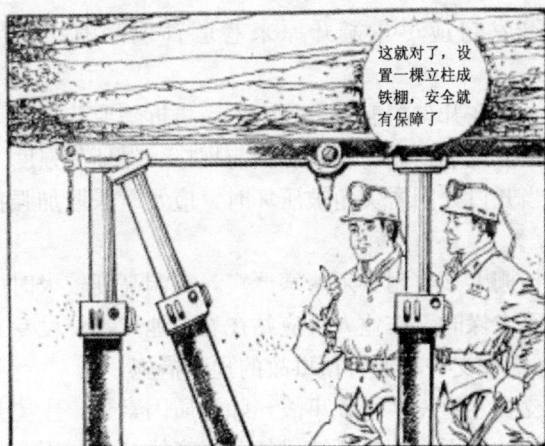

图 4-27　应用戗柱或戗棚迎着顶板推移的方向

（一）掘进工作面迎头冒顶事故的原因和预防措施

掘进工作面迎头支架架设时间短，未压上劲，容易被爆破崩倒；人员作业经常在空顶条件下进行；同时受到地质构造变化影响，所以掘进迎头冒顶事故较多。

（1）根据掘进工作面顶板岩石性质，严格控制空顶距，坚持使用超前支护。

（2）严格执行敲帮问顶制度。

（3）在地质破碎带或层理裂隙发育区等压力较大处要缩小棚距。

（4）合理布置炮眼和装药量，以防崩倒支架或崩冒顶板。

（5）在掘进迎头往后 10 m 范围内采用金属拉杆或木拉条把支架连成一体，必要时还须打中柱，以抵抗顶板突然来压和爆破后碎块煤矸的冲击。

（二）巷道交叉处冒顶事故的预防措施

巷道交叉处控顶面积大，支护复杂，是预防巷道冒顶的重点部位。

（1）开岔口应尽量避开原来巷道冒顶范围、废弃巷道和硐室。

（2）必须在开口抬棚支设稳定后，再拆除原巷道棚腿。

（3）注意选用抬棚材料的质量与规格，保证其强度。

（4）当开口处围岩尖角被压坏时，应及时采取加强抬棚稳定性措施。

（5）抬棚上顶空洞必须堵塞严实，空洞高度较大时应码木垛接顶。在码木垛时，作业人员应站在安全地点，并设专人观山。

（三）锚杆支护巷道冒顶事故的预防措施

锚杆支护巷道发生冒顶事故，除地质因素外，主要是由于锚杆支护系统的锚固力不足所造成的。提高锚杆的锚固力的措施主要有：

（1）科学选择锚杆支护材料（图 4-28）。

（2）合理选择锚杆间、排距。

图 4-28 科学选择锚杆支护材料

（3）提高锚杆支护施工质量（图 4-29）。

图 4-29 提高锚杆支护施工质量

【案例】某矿业公司采九区 3137 综采工作面带式输送机机头

上 8~13 m 处，发生冒顶事故，将输送机司机周某某、泵站司机王某某埋住。经全力抢救于将泵站司机王某某救出，输送机司机周某某扒出时已死亡。该位置正是该工作面泵站所在地点，巷道跨度较大，仅采用锚杆支护。

（四）巷道维修、回彻处冒顶事故的原因和预防措施

巷道维修、回彻处的顶板已经发生破碎、下沉，压力较大，因此支架已经损坏、变形，进行巷道维修、回彻时，再一次加剧了顶板的破坏，如果措施不当极易发生冒顶事故。

（1）选择安全可靠的维修、回彻方案、支护方法和操作步骤。

（2）备足支护用品和插背材料。

（3）维修、回彻时至少两人同时作业，其中一人专门观察顶板和支护变化情况。

（4）清理退路，确保退路畅通。

【案例】某煤矿－65 m 大巷维修工作面迎头过煤线，顶板离层破碎，稳定性差，同时巷道长期失修，顶板压力大，极易冒落。维修工作人员违反技术措施，在修好一架棚后没有采取临时抬棚、支护联锁等方式加固维修地点支架，致使工作面冒顶后将第一架棚推到，垮落的矸石将一名工作人员砸伤致死。

八、冲击地压的防治

冲击地压是指在矿井开采过程中，引起煤岩体内所积聚的弹性变形能释放而产生的以突然、急剧、猛烈的破坏为特征的动力现象。作为一种特殊的矿山压力显现形式，冲击地压有其自己的特点：一般没有明显的宏观预兆；发生过程短暂，并伴有巨大的响声和强烈的震动；破坏性较大。

引起冲击地压应力源主要有煤岩体的重力及构造应力。按震级强度和抛出的煤量将冲击地压分为三类：

（1）轻微冲击。抛出煤（岩）量在 10 t 以下，震级在 1 级以下的冲击地区。

（2）中等冲击。抛出煤（岩）量在 10～50 t，震级在 1～2 级的冲击地压。

（3）强烈冲击。抛出煤（岩）量在 50 t 以上，震级在 2 级以上的冲击地压。

影响冲击地压的主要因素有采深、地质构造、煤岩体结构及开采技术。

防治冲击地压主要从两方面着手：一是在大范围内避免形成高应力集中的条件；二是在局部范围内改变煤（岩）体的物理力学性能，减缓已形成的应力集中的程度。前者称为防危措施，后者称为解危措施。

（1）主要防危措施有：开采卸压层；合理确定开采方法；无煤柱开采。

（2）主要解危措施有：高压注水；放松动炮；钻孔槽卸压；强制放顶。

生产中应结合实际，加强预测工作，熟悉撤人路线，总结冲击地压规律。同时提高支护质量，严禁刚性支护。冲击地压煤层中相向掘进的巷道相距 30 m 时，必须停止一头掘进。严格执行《煤矿安全规程》规定。这样就可以消除或减少冲击地压事故。

第五节　井下透水事故防治

煤矿在建设和生产中，都会在井下出现渗水和漏水现象，在一般情况下，依靠预先安装好的水泵和管路就可以将这些水排到地面。但是发生透水灾害时，原排水能力不够，就会淹没矿井，致使人员伤亡，造成巨大的经济损失。所以，透水事故是煤矿五大自然灾害之一。

【案例】某煤矿 16 号煤层回风大巷掘进工作面遇煤层下方隐伏陷落柱，在承压水和采动应力作用下，诱发该掘进工作面底板底鼓，承压水突破有限隔水带形成集中过水通道，探放水措施不完善，防治水工作不到位，导致奥陶系灰岩水从煤层底板涌出。

这起特别重大透水事故，共造成 32 人死亡、7 人受伤，直接经济损失 4 853 万元。

一、矿井水的来源

1. 地表水源

地表水源主要有降雨和下雪，以及地表上的江河、湖泊、沼泽、水库和洼地积水等。它们在一定条件下都可能通过各种通道进入矿井形成透水事故，同时还可能成为地下水的补给水源。

2. 地下水源

（1）老窑水。废弃的小煤窑、旧井巷和采空区的积水叫做老窑水。老窑水一般静压大，积水多，常带出大量有害气体，危害性很大。

（2）含水层水。煤系地层中的流沙层、砂岩层、砾岩层等，有丰富的裂隙可以积存水。

（3）断层水。断层面上往往形成松散的破碎带，具有裂隙和孔洞，里面常有积水。

（4）岩溶陷落柱水。石灰岩层长期受地下水浸蚀、形成溶洞。由于重力作用和地壳运动，上部的煤（岩）失去平衡而垮落，使煤系地层形成陷落柱，柱内充填物常有积存水。

（5）钻孔水。在煤田地质勘探时打的钻孔，如果封闭不良，孔内常有积存水。

【案例】某矿 20101 回风巷掘进工作面附近小煤窑老空区积水情况未探明，且在发现透水征兆后未及时采取撤出井下作业人员等果断措施，掘进作业导致老空区积水透出，造成 +583.168 m 标高以下巷道被淹，发生特别重大透水事故，共造成 38 人死亡、115 人受伤，直接经济损失 4 937 万元。

二、矿井透水的危害

（1）透水时造成巷道被淹、矿井停产，严重时毁坏整个矿井。

（2）矿井透水后，躲避不及时会使现场人员被淹溺而死，或者将人员围困在井下，时间一长因缺少氧气和食品而出现死亡。

（3）矿井发生老空区透水，聚积在老空区内的瓦斯和硫化氢随之涌出。涌出的瓦斯若达到爆炸浓度，遇火源会发生瓦斯爆炸；人呼吸了剧毒的硫化氢，就会中毒死亡。

（4）为了预防透水，矿井必须留设防隔水煤柱，造成矿井回采率降低，严重地影响煤炭资源的开发利用或打乱正常采掘生产程序。

（5）矿井透水后要加大排水能力，将增加排水费用，提高开采成本；同时使地下水位大幅度下降，影响人民的正常生活。

（6）大量抽排矿井涌水，将破坏地表自然环境，甚至造成民房倒塌、农田塌隔、河流中断和交通破坏等。

三、矿井透水预兆

按照《煤矿安全规程》规定，发现以下透水预兆时，必须停止作业，采取措施，立即报告矿调度室，发出警报，撤出所有受水害威胁地点的人员。

（1）煤壁"挂红"。这是因为矿井水中含有铁的氧化物，渗透到采掘工作面呈暗红色水锈。

（2）煤壁"挂汗"。采掘工作面接近积水时，水由于压力渗透到采掘工作面形成水珠，特别是新鲜切面潮湿明显。

（3）空气变冷。采掘工作面接近积水时，气温骤然降低，煤壁发凉，人一进去就有阴凉感觉，时间越长越明显。

（4）出现雾气。当巷道内温度较高，积水渗透到煤壁后，引起蒸发形成雾气。

（5）"嘶嘶"水叫。井下高压水向煤（岩）裂隙强烈挤压，两壁摩擦而发出"嘶嘶"水叫声，这种现象说明即将突水。

（6）底板鼓起。底板受承压水（或积水区）作用，产生鼓起、裂缝或出水等现象。

（7）水色发浑。断层水和冲积层水常出现淤泥、砂，水混浊，多为黄色。

（8）出现臭味。老窑水一般可闻到臭鸡蛋味，这是因为老窑水中有害气体增加所致。

（9）顶水加大。这是因为顶板裂隙加大，积水渗透到顶板上，使淋水增加。

（10）片帮冒顶。这是由于顶板受承压含水层（或积水区）作用的结果。

（11）在打钻时出现钻孔水量、水压加大，甚至顶钻或水从钻孔中喷出现象。

四、煤矿防治水原则

《煤矿防治水规定》规定了以下煤矿防治水十六字原则。

"预测预报"指的是查清矿井水文地质条件，对水害做出分析判断，在矿井透水以前发出预警预报。

"有疑必探"指的是对可能构成水害威胁的区域、地点，采用钻探、物探、化探、连通试验等综合技术手段查明水害隐患。

"先探后掘"指的是首先进行综合探查和排除水害威胁，确认巷道掘进前方没有水害隐患后再掘进施工。

"先治后采"指的是根据查明的水害情况，采取有针对性的治理措施排除水害威胁后，再安排回采。

五、矿井水害预防措施

（一）地面水的预防措施

（1）防止井口灌水。井口位置标高必须位于当地历年洪水位以上，这样可以防止暴雨山洪发生时雨水直接灌入井下。

（2）防止地表渗水。井田范围内的河流等地表水，应尽可能将其改道；低洼地点的积水进行排干等，以消除对井田渗水的威胁。

（3）加强防洪工作。矿井应在雨季到来前对地面防水工程进行全面检查，发现问题及时解决，同时制定雨季防水措施，组织抢险队伍，储备足够的防洪物质。

（4）及时撤出人员。当发现暴雨洪水灾害严重可能引发淹井紧急情况时，应当立即撤出作业人员到安全地点。经确认隐患完全消除后，方可恢复生产。

（二）井下水害预防措施

（1）掌握水情。观测各种地下水源的变化、掌握地质构造位置及水文情况和小煤窑开采分布范围。

（2）疏放降压。在受水害威胁和有透水危险的矿井或采区进行专门的疏水工程，有计划有步骤地将地下水进行疏放，达到安全开采水压（图4-30）。

图4-30　有透水危险的要将地下水进行疏放

（3）探水放水。矿井必须做好水害分析预报，坚持"有疑必探、先探后掘"。

（4）留设防隔水煤（岩）柱。对于各种水源在一般情况下都应采取疏干或堵塞其入井通道，彻底解决水的威胁。但有时这样做不合理或不可能，因此需要留设一定宽度的煤（岩）柱来截住水源。

（5）注浆堵水。将水泥砂浆等堵水材料，通过钻孔注入渗水地层的裂隙、渗洞、断层破碎带，待其凝固硬化，将涌水通道充填堵塞，起到防水作用。

（6）防水设施（图 4-31）。在井下巷道适当地点留设防水闸门或预留防水墙的位置，在水害发生时使之分区隔离、缩小灾情和控制水害范围，确保矿井安全。

图 4-31　采取综合措施防治透水

第六节　爆破事故防治

一、矿井常见爆破事故

在我国煤矿生产和建设中，无论是采煤和巷道掘进，钻眼爆破技术仍然普遍使用，特别是在爆破过程中会引起人员伤亡和财产损失，这类事故称为爆破事故。矿井爆破事故也是常见的灾害之一，对矿井的危害也较大。

矿井常见的爆破事故有如下几种：爆破崩人事故；爆破熏人事故；爆破崩倒支架；爆破崩坏设备或设施；爆破引起冒顶事故；爆破诱发冲击地压或突出事故；爆破引发瓦斯、煤尘爆炸事故。

二、井下爆破事故防治

引起矿井爆破事故的因素很多，在爆破器材的质量、贮存、管理、运送、使用或与爆破技术有关的任何一个环节出现问题都可引发爆破事故。

（一）爆破前的防治措施

（1）按适用条件使用质量合格的炸药、雷管，在有瓦斯、煤尘爆炸危险的工作面，严禁使用非煤矿许用炸药和非煤矿许用电雷管。

（2）加强对爆破器材的管理。严禁穿化纤衣服人员接触爆破材料。井下人力运送爆破材料时，电雷管必须由爆破工亲自运送，炸药应由爆破工或在爆破工监护下由其他人员运送。爆破材料必须装在耐压和抗撞冲、防震、防静电的非金属容器内。爆破材料应直接送到工作地点，严禁中途逗留。

（3）对爆破地点进行认真检查。有下列情况之一不准装药爆破：空顶距过大或支架有损坏；爆破地点附近 20 m 内风流中瓦斯浓度达到 1‰（图 4-32）；爆破地点附近 20 m 以内，矿车、未清除的煤、矸或其他物体堵塞巷道 1/3 以上；炮眼内发现异状、温度骤高骤低、有显著瓦斯涌出、煤岩松散等情况；采掘工作面风量不足。

（4）在有煤尘爆炸危险的地点进行爆破时，20 m 内应进行洒水降尘。

（5）加固爆破点附近支架，机器、工具和电缆必须加以保护或移出工作面。架棚巷道每次爆破前，必须对迎头 10 m 棚子进行加固。

图 4-32 瓦斯超限不准打眼爆破

(6) 在煤与瓦斯突出危险煤层中,起爆地点必须在工作面入风侧,并距工作面不得小于 300 m。

(二) 爆破过程中的防治措施

(1) 爆破时,严格执行"一炮三检"制和"三人连锁"爆破制。

(2) 加强警戒。警戒人员责任心要强,警戒时,不准兼做其他工作,不准睡觉、打闹、脱岗。警戒人员必须在有掩护的、在警戒距离之外的地点警戒,严禁其他人员进入爆破地点(图 4-33)。

(3) 按规定装药、连线(图 4-34)。装药时,先清除炮眼内的煤岩粉,将药卷轻轻推入,不得冲撞,炮眼内的各药卷必须彼此密接。电雷管插入药卷后,必须用脚线将药卷缠住,并将电雷管脚线扭结成短路。装药后,必须把电雷管脚线悬空,严禁电雷管脚线、爆破母线与运输设备、电气设备以及采掘机械等导电体接触。炮眼封泥应用水炮泥,水炮泥外剩余炮眼部分应用黏土炮泥或用不燃性的、可塑性松散材料制成的炮泥封实。严禁用煤

图 4-33　加强警戒，严禁其他人员进入爆破地点

粉、块状材料或其他可燃性材料作炮眼封泥。无封泥、封泥不足或不实的炮眼严禁爆破。严禁裸露爆破。

（4）爆破工不得随意将把手或钥匙转交他人，不到爆破时，不得将把手或钥匙插入起爆器或电力起爆接线盒。

（5）爆破时，爆破工必须发出警号，发出警号后至少再等5 s才可起爆。

（三）爆破后的防治措施

（1）加强通风。炮烟中有的成分是剧毒气体，吸入后会使人中毒，轻者发炎且留下后遗症，重者会使人死亡。防止炮烟熏人的措施如图4-35所示。为了防止炮烟熏人，最重要办法的就是等待炮烟排除完毕，作业人员才可进入工作面。按照《爆破安全规程》规定，井下爆破后需要等15 min以上，炮烟浓度符合安全要求时，才允许人员进入工作面。

另外，不准使用超期、变硬和变质的炸药；一次爆破药量不能超过通风能力；爆破前后在距爆破地点20 m范围内喷雾洒水；装药时要按规定填好炮泥和水炮泥等。这些都是降低炮烟浓度的有效措施。

（2）认真检查。爆破工、瓦斯检查工、班（组）长必须巡视

211

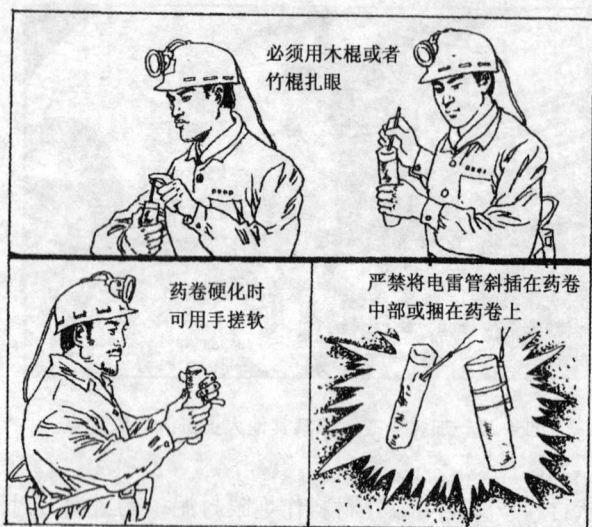

图 4-34　必须按操作规程装药

图 4-35　防止炮烟熏人的措施

爆破地点，检查通风、瓦斯、煤尘、顶板、支架、拒爆、残爆等情况。

（3）正确处理拒爆、残爆。出现拒爆时，爆破工必须先取下把手或钥匙，并将爆破母线从电源上摘下，扭结成短路，使用瞬发电雷管时至少等 5 min，使用延期电雷管时至少等 15 min，才能沿线路检查。由于连线不良造成的拒爆，可重新连线起爆；非连线不良引起的拒爆、残爆，处理时可距拒爆炮眼 0.3 m 以外另打与拒爆炮眼平行的新炮眼、重新装药起爆。严禁用镐刨或从炮眼中取出原放置的起爆药卷或从起爆药卷中拉出电雷管。严禁用打眼方法往外掏药；严禁用压风吹拒爆（残爆）炮眼。处理拒爆、残爆应在当班处理完毕。处理瞎炮的"四禁"如图 4-36 所示。

图 4-36　处理瞎炮的"四禁"

（四）特殊爆破事故的防治措施

矿井除一般情况下的爆破外，还会遇到爆破条件比较复杂，施工比较困难的地段。这些地段的爆破工作除一般要求外，还应根据具体情况，采取特殊措施，才能保证爆破工作的安全性和可靠性。

1. 巷道贯通时进行爆破时的防治措施

（1）巷道贯通前，要检查和排放贯通地点的瓦斯。当工作面和贯通地点的瓦斯浓度超过 1% 时，禁止贯通爆破；独头掘进贯

213

通爆破时，距贯通地点 20 m，必须在穿透位置里外两侧设好警戒，禁止在警戒区内作业或逗留，透位不清时，禁止爆破。

（2）两头对掘贯通爆破时，当距 20 m 时（综掘巷道相距 50 m 时），必须停止一头作业，仍然保持通风，由一头贯通，并派专人负责警戒。

（3）巷道贯通前，要加固支架，以防崩倒棚子和崩坏棚腿，造成倒棚冒顶。

（4）超过贯通距离而不通时，要立即停止爆破，查明原因，重新采取贯通措施。

2. 穿透"老空"时进行爆破时的防治措施

（1）打眼时，若发现炮眼内出水、温度骤高骤低、有大量瓦斯涌出、煤岩松散等情况，要停止爆破，查明原因。

（2）距穿透"老空"15 m 前，先探明"老空"来源，以及"老空"中的水、火、瓦斯等情况，若有水、火、瓦斯，必须采取防水措施、瓦斯排放措施和火区封闭措施，否则禁止爆破。

（3）距穿透"老空"15 m 前，由测量工在"老空"内标明穿透位置，以便在检查时按穿透位置的实际情况，采取不同措施，避免在爆破时误穿火区、水区。

（4）穿透"老空"时，要把人员撤到安全地点，并在安全地点实施爆破。爆破后，只有查明"老空"情况，确认无危险后，才能恢复工作。

3. 接近积水区时进行爆破时的防治措施

（1）要根据实际情况，编制切实可行的探放水设计和安全措施，否则禁止爆破。

（2）发现有透水预兆时，要立即停止爆破，及时汇报，查明原因；情况危急时，人员立即撤离；打眼时发现炮眼渗水，不要拔出钎杆。

4. 处理溜煤眼堵塞时进行爆破时的防治措施

（1）必须采用取得煤矿矿用产品安全标志的用于溜煤（矸）眼的煤矿许用刚性被筒炸药或不低于该安全等级的煤矿许用

炸药。

（2）每次爆破只准使用 1 个煤矿许用电雷管，最大装药量不得超过 450 g。

（3）爆破前必须检查溜煤（矸）眼内堵塞部位的上部和下部空间的瓦斯。

（4）爆破前必须洒水。

（5）在有安全威胁的地点必须撤人、停电。

5. 石门揭穿突出煤层进行震动爆破时的防治措施

（1）必须编制专门设计。爆破参数、爆破器材及起爆要求，爆破地点，反向风门位置，避灾路线及停电、撤人和警戒范围等，必须在设计中明确规定。

（2）震动爆破工作面，必须具有独立、可靠、畅通的回风系统，爆破时回风系统内必须切断电源，严禁人员作业和通过。在进风侧巷道中，必须设置两道坚固的反向风门。

（3）爆破 30 min 后人员方可进入工作面检查。

（4）震动爆破应一次全断面揭穿或揭开煤层；未能一次揭穿煤层，在掘进剩余部分时，必须按震动爆破要求进行爆破作业。

第七节　电气事故的防治

煤矿电气事故不仅会影响矿井生产，而且会对矿井安全和工人生命安全构成严重威胁。例如，发生人身触电事故时，易造成人员触电死亡；电气火花易引发瓦斯和煤尘爆炸及火灾等恶性事故。

一、常见的电气事故

电气故障是生产中常见的故障之一。电气故障不但能损坏电气设备、中断生产，还可能造成电气火灾、瓦斯爆炸等重大灾害。电气事故主要是设备选型不合理、管理不当，使电气设备过负荷、短路等原因造成的。电气事故主要有人身触电事故、电气着火事故和电火花引爆瓦斯、煤尘爆炸事故。

（一）人身触电事故

1. 井下触电分类

煤矿井下人身触电事故可分为低压触电、高压触电和直流架线触电三类。其中电机车架线触电次数约占全部触电次数的60%；其次是低压电网触电，约占 30%；高压电网触电约占 10%。

（1）低压触电事故（图 4-37）。低压触电主要是因为带电作业、电缆和设备绝缘老化、漏电保护失灵等原因造成的。

图 4-37　常见的低压触电事故

【案例】某矿生产班电缆漏电跳闸断电，当班领导指示电工甩掉检漏继电器，强行送电。可是，就在当班，在采煤工作面上巷运料工人触及电缆破损处触电死亡。

（2）高压触电事故。高压触电的主要原因是误操作、没有执行停送电安全措施。

【案例】某矿水泵房做试验，该水泵房双回路供电，试验电工将一回路停电后就开始作业，结果，因另一回路有电造成触电死亡。

（3）直流架线触电事故（图 4-38）。直流架线触电主要是架线高度低，巷道狭窄，工人携带长物无安全措施和带电检修架线机车等原因造成的。

图 4-38 常见的直流架线触电事故

【案例】某矿电机车司机带电检修电机车弓子，触电死亡。

当发现有人触电时，首先要切断电源或用绝缘材料将带电体与触电者分开。

2. 影响触电危害程度的因素

触电事故对人体的危害程度由下列因素决定：

（1）电流的大小。

电流越大，对人体的危害程度越大。例如，人体接触 50 Hz 交流电，当电流为 0.65～1.5 mA 时，开始有感觉，手指有麻刺感觉；当电流为 50～80 mA 时，呼吸麻痹，心房开始震颤。

（2）人的皮肤电阻的大小。

人的皮肤电阻是人体电阻的主要组成部分，电压一定，电阻越大，进入人体的电流越小。皮肤电阻在受潮、出汗、黏附导电粉尘时都将降低。

（3）电流流经人体的路径。

电流流经人体的路径不同，其危害程度差异很大，如通过心脏时，几十毫安电流即可使人死亡。

（4）触电时间的长短。

触电时间越长，危险性越大，即使是安全电流，流经人体时间过长，也会造成伤亡事故；相反，即使电流较大，但由于时间很短，也不会发生危险。

（5）电流的种类和频率。

一般来说，直流电比 50 Hz 交流电交流电危害性小，如同样是 20～50 mA 的电流，50 Hz 交流电使人迅速麻痹，心房开始震颤，而直流电仅使人产生较强热感觉，手部肌肉略有收缩。

3. 触电事故的主要防范措施

（1）防止人身触及或接近带电体。电气设备的裸露导体必须按规定安装在一定高度，对其带电部分应用外壳封闭或用栅拦围住，使人不能接近；高压设备的栅栏门，必须装设开门即停电的闭锁装置；将电气设备的带电部件和电缆接头，全部封闭在外壳内；乘坐架线电机车牵引的列车时，上下车时都必须将架空线断电，并严防携带的金属工具触及架空线。

（2）采用相应技术措施，防止人身触电。井下供电变压器中性点不接地系统中，设置漏电保护和漏电闭锁装置；设置保护接地装置等。

（3）尽量采用低电压。对手扶式电气设备和接触较多容易造成触电危险的照明、通讯、信号及控制系统，除应加强绝缘外，还应尽量采用低电压，如煤电钻和照明装置的电压应不大于为 127 V，控制线路的电压应不大于 36 V。

（4）严格执行《煤矿安全规程》和电气安全作业制度。不带电检修、搬迁电气设备；严格执行工作票制度、工作许可制度、停送电制度和工作监护制度等。

（二）电气着火事故

低压橡套电缆、铠装电缆和铠装电缆接线盒，特别是铝心电缆的接线盒，发生着火事故较多，其主要原因是过负荷、短路和电缆绝缘损坏等。

【案例】某矿开拓区掘进队使用 380 V、28 kW 局部通风机用 4 mm² 的电缆供电（28 kV 局部通风机额定电流为 56 A，4 mm² 橡套电缆额定电流为 36 A），使用的电缆又太长，盘圈放在地上，因电缆过负荷，电缆盘圈散热又不好，使电缆过热着火，引燃木支架和风筒，造成多人伤亡的重大事故。

扑灭电气火灾要注意以下几点：

（1）立即切断电源。

（2）及时向调度汇报。

（3）不失时机的迅速灭火，灭火时应使用灭火器材；带电灭火时应使用电气灭火器材；人体与带电体必须保持一定的安全距离；灭火人员应站火源上风侧。

（三）电火花引爆瓦斯、煤尘爆炸事故

瓦斯和煤尘爆炸事故的点火源主要是电气设备失爆、带电作业、电缆漏电或短路等故障造成的。

【案例】某矿为低瓦斯矿井，掘进队用 1 台 28 kW 局部通风机向 2 个工作面供风，巷道贯通后没及时调整通风系统，使风流短路，瓦斯积聚，小绞车拉料时将电缆刮断，产生电弧，引起瓦斯和煤尘爆炸，造成多人伤亡，毁坏巷道 1 000 多米。

二、电气事故的预防

预防电气事故应注意以下几点：

（1）正确选择电气设备的防爆形式，检查其合格证、矿用产品安全标志及防爆性能，不合格的不得采用。

（2）合理选择配电点和设备安装位置，采掘工作面和回风尽量不要安装配电点和开关。工作面要尽量选用本质安全型电气设备。

（3）选择电缆、开关、变压器额定值要有一定余量。①不要选纸绝缘电缆，平巷高压电缆要选绝缘、聚氯乙烯护套电力电缆；立井高压电缆应选聚氯乙烯绝缘、粗钢丝铠装、聚氯乙烯护套电力电缆，交联聚氯乙烯绝缘、粗钢丝铠装、聚氯乙烯护套电力电缆。②开关应选用真空电磁启动器。③不要选用油浸变压器，要选用干式变压器或移动变电站。

（4）电气设备保护要齐全，整定值要符合规定，动作要灵敏可靠。坚持使用各种综合保护，如煤电钻综合保护、照明信号综合保护、胶带机综合保护。

（5）按时进行检修和试验，并做好记录。严格执行停、送电制度。严禁带电作业。严禁带电搬迁电气设备和电缆。

（6）矿灯最低限度使用 12 h，严禁在井下拆开、敲打和撞击。

（7）井下供电要做到三无（无鸡爪子、无羊尾巴、无明接头）、四有（有密封圈和挡板、有罗栓和弹簧垫、有过流和短路保护、有保护接地装置）、二齐（电缆吊挂整齐、设备和硐室清

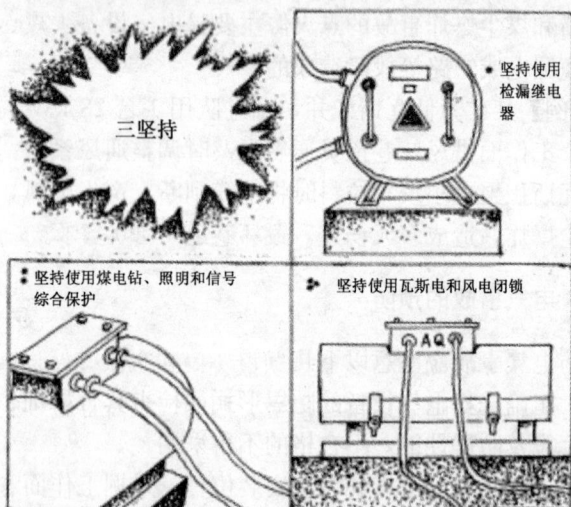

三坚持

坚持使用检漏继电器

坚持使用煤电钻、照明和信号综合保护

坚持使用瓦斯电和风电闭锁

图 4-39　井下用电"三坚持"

洁整齐)、三全(图纸资料全、绝缘用具全、防护装置全)、三坚持(坚持使用检漏继电器、坚持坚持使用信号、照明和煤电钻棕合保护、坚持风电、瓦斯电两闭锁,如图4-39所示)。

(8)井下严禁使用灯泡和电炉取暖。

第八节　运输提升事故的防治

一、平巷运输事故的防治

(一)平巷运输中常见的事故

(1)由于电机车司机操作失误或巷道安全间隙不够,造成电机车、矿车或材料车撞人、轧人、挤人或车辆相撞事故。

(2)由于轨道铺设、维修质量不好,造成电机车、矿车或材料车掉道,挤、碰、轧人员。

(3)由于架空线与电机车集电弓接触不好,严重冒火引起火灾或瓦斯、煤尘爆炸。

(4)由于人员违章扒车、蹬车、跳车造成人身事故。

(5)由于车内人员身体或手持金属工具触及架空线,造成人身触电事故。

(6)由于违章在平巷推车,造成撞人或被撞事故。

(二)平巷运输事故的预防措施

(1)电机车要铃声、灯光齐全,刹车装置要灵活可靠,尾车上要装有红色尾灯。蓄电池电机车应有容量指示器和漏电监测保护。防爆特殊性电机车必须装备瓦斯超限报警仪和断电保护装置。无轨胶轮车必须装备瓦斯自动报警仪和防爆灭火装置。

(2)巷道和轨道、道岔、信号、照明、设备等必须符合安全质量标准化规定。巷道要干净卫生,无污泥、积水和杂物,水沟盖板要齐全完好。

(3)交叉道口信号、照明应良好,无人看守道口要有司控道岔和信号自动闭锁系统。车辆驶近道岔、巷道交叉口、装车点以及会车时，应减速鸣铃（号）发出信号并认真瞭望，发现前方有人和障碍物要刹车。

（4）人车乘车点要有区间闭锁。当人员上下人车时，其他车辆不能进入人车车站。

（5）人车行驶车速不得超过规程规定的 4 m/s。在同一条轨道上同向行驶车辆时，两列车间距不得小于规程规定的 100 m。

（6）平巷乘车要遵守安全规定，在乘车点上下车，不准爬车、蹬车跳车。每车乘坐人数不得超员，车门挂好防护链（杆），乘车人的头、手及身体其他部位不准伸出车外，超长工具要善保管不准伸出车外。

（7）人员上下车时要将架空线电源切断。人员身体或手持金属工具不能触及架空线，以免造成触电事故。

（8）不准在运输巷道内采用人力推车。确因生产需要时，必须报告矿井调度室，采用截车措施后方可人力推车。

（9）人车行驶发生异常如掉道脱轨时，乘车人员应向司机紧急晃灯和喊叫，发出紧急停车信号，不能慌乱逃窜。

（10）人员在运输巷道中行走时，要注意前、后来往车辆，要在巷道一侧的水沟盖板上，不得嬉戏打闹。

二、斜巷提升运输事故的防治

矿井常见提升事故主要有：断绳跑车事故；在提升过程中当提升容器接近终点时，如不及时减速停车，上行则造成容器过卷，下行罐笼则造成蹾罐事故；斜井串车则造成过放事故。

斜巷提升运输中常见的事故是跑车（图 4-40）。

（一）斜巷提升运输中跑车事故原因

（1）绞车司机和信号把钩工误操作造成跑车。

（2）牵引钢丝绳因磨损或超负荷使用而断裂引起跑车。

（3）连接装置失效引起跑车。

（4）连接销窜销或脱钩引起跑车。

（5）绞车制动装置失效引起跑车。

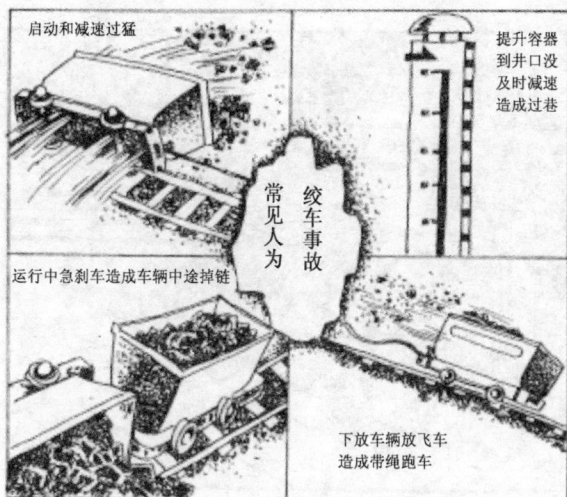

图 4-40　常见的事故是跑车

（6）斜巷安全防护设施不全或管理使用不当，跑车后造成人身伤害。

【案例】某煤矿在 N207 区第三段胶带道 $-646.0\,\text{m}$ 水平平巷处下放矿车时，在所下矿车未与钩头车连接的情况下，且违反规定多挂了一台矿车，作业人员违章将矿车推过变坡点，造成跑车，将正在第三段胶带道轨道侧行走的 4 人撞伤致死。

（二）斜巷运输跑车事故预防措施

（1）绞车司机和信号把钩工必须经过专业培训，且考试合格后（图 4-41），才能持证上岗。严格执行操作规程，严禁未连接好车辆，便把车推过变坡点，或未待车停稳就违章摘钩，使车辆返回向下坡方向，造成跑车；严禁绞车司机在下放车辆时不送电松闸放车，造成带绳跑车。上下车场挂车时，余绳（即松开的绳）不得超过 1\,m。

（2）上下车场绞车房之间必须有可靠的声光信号。斜坡上每隔 10\,m 或巷道交叉口处在绞车启动后应有警戒红灯。人员上下

图 4-41 绞车司机必须经过培训，考试合格后持证上岗

通过斜巷时必须和信号把钩工取得联系，在人员上下时绞车不得运行，做到"行人不行车，行车不行人"。

（3）斜巷中轨道应保证铺设质量合格，巷道卫生干净，管线吊挂整齐规范。巷道内不准有杂物、浮煤和流水。兼作行人的斜巷必须留有人行道，其宽度不小于 0.8 m 并砌筑人行踏步台阶。巷道底部应当有足够的、转动灵活的地滚。

（4）开车前应当认真检查牵引钢丝绳及其连接装置，当钢丝绳断丝、磨损、锈蚀等原因造成损坏时，严禁继续使用。矿车之间连接链环、插销或矿车连接器等不合格、有损伤或用其他物品代替三环链或矿车插销等，不得开车。

（5）上部车场必须有可靠的防跑车装置。放车前应当检查钩头连接及各车之间连接，确认连接好才可打开防跑车装置向绞车司机发信号开车。

（6）斜巷中应设有可靠的跑车防护装置，做到"一坡三挡"。防跑车装置应当加强日常检查维修和试验，确保灵活有效。

（7）斜巷提升时应当加设保险绳。为了防止牵引钢丝绳与矿车之间，或者矿车与矿车之间连接处断链、断销或窜销，而发生跑车，应当加设保险绳。保险绳有单绳式保险绳（图4-42）和环绕式保险绳（图4-43）两种。

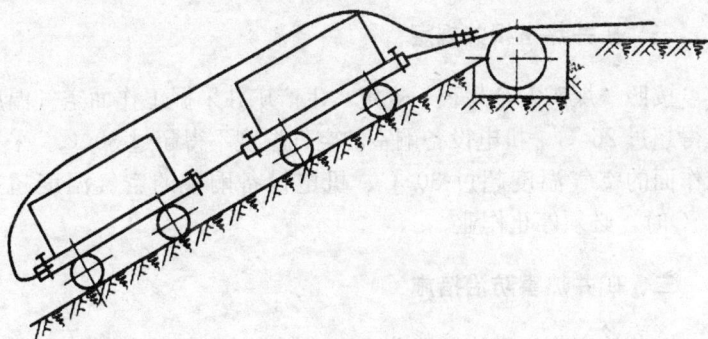

图 4-42　单绳式保险绳

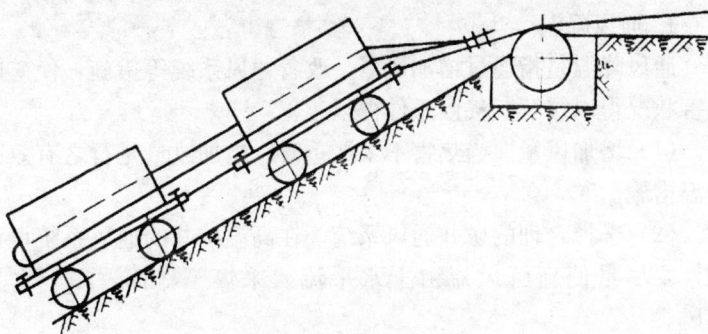

图 4-43　环绕式保险绳

（8）绞车安装应当稳固可靠。绞车制动装置应当灵活有效，闸带使用后的剩余厚度不得小于3 mm。

（9）牵引钢丝绳在绞车绳筒上应当排列整齐有序、层次分明，不得出现跑绳、咬绳等现象，同时应当安装完好的挡绳板。

（10）斜巷提升时，严格禁止车内、车上和连接处搭乘人员。

第九节　矿井热害及其防治

一、矿井热害相关规定

按照《煤矿安全规程》规定，生产矿井采掘工作面空气温度不得超过 26 ℃，机电设备硐室的空气温度不得超过 30 ℃。采掘工作面的空气温度超过 30 ℃、机电设备硐室的空气温度超过 34 ℃时，必须停止作业。

二、矿井热害防治措施

矿井热害防治措施一般分为人工制冷冷却风流的措施和非人工制冷降温措施。

（一）人工制冷冷却风流的措施

1. 通风降温

通风降温是指通过增加风量、改善通风系统等措施，使矿内热害状况得以缓解、气候条件得以改善。

（1）增加风量。当热害不太严重时，增加风量是行之有效的降温措施。

（2）选择合理的矿井通风系统。在高温矿井的通风系统设计时，要尽量使新鲜风流由上水平流入采煤工作面，在下水平回风。

（3）改革通风方式。实践证明，走向长壁采面采用 E 形通风、W 形通风能有效改善工作面的热状况。

2. 改革采煤方法和顶板管理

在高温矿井中，采煤工作面是主要的升温段，也是人员集中的工作场所，应为矿井降温的重点。

（1）后退式采煤法比前进式漏风少、风量大，有利于降温。

（2）倾斜长壁式采煤法对改善采面气候条件有利。

（3）采用充填法管理顶板，向采空区充填温度较低的物质，可避免或减少全部垮落采空区冒落岩石的散热，改善气候条件。

3. 治理井下热水

井下热水的治理应根据具体情况采取探、放、堵、截和疏导的措施。

4. 其他技术措施

（1）减少采空区漏风。高温采面应尽量避免采用前进式开采。后退式开采时应采取挂风障、风帘等措施防止采空区漏风。

（2）压气降温。在掘进工作面使用压气引射器替代或帮助局部通风机进行通风，可以改善掘进工作面的热环境。

（3）冰块降温。冰的吸热能力很大，有条件时可在采煤工作面或进风巷道内放置冰块来冷却风流。

（4）煤层注水预冷煤层。

（5）矿工进行个体保护。矿工在高温地点工作时，可穿冷却服，主要有压气冷却服、冰水冷却坎肩、干冰冷却坎肩等。

（二）人工制冷降温措施

人工制冷降温系指采用制冷设备制取冷量，并将冷量输送到需冷地点，吸收风流中的热量达到降温目的的技术。它可以分为局部制冷降温和集中制冷降温两种。

（1）集中制冷降温通常服务于一个矿井或矿井的数个采区。

（2）局部制冷降温服务范围只服务于一二个采掘工作面。

第五章 煤矿危险源辨识和防治措施

第一节 采煤系统危险源辨识和防治措施

一、采煤系统危险源辨识

(1) 液压支架、单体液压支柱初撑力不足，倒柱砸人。

(2) 工作面输送机运行时，联网伤人。

(3) 支柱失效砸人。

(4) 液压支架端面距过大砸人。

(5) 不坚持敲帮问顶，冒顶片帮砸人。

(6) 在煤壁伞檐下作业挨砸。

(7) 采煤机带负荷启动损毁机组。

(8) 回柱放顶时，无后路人员受阻。

(9) 在工作面刮板输送机中运送木料伤人。

(10) 推移工作面刮板输送机时，伤人。

二、采煤专业危险源防治措施

(1) 坚持二次注液，特别是新下井使用的单体液压支柱要反复支撑，以便将柱筒内空气排出。顶板背严实，底板见硬底或穿鞋，以确保液压支架初撑力不得低于 24 MPa，单体液压支柱初撑力不得低于 11.5 MPa。

(2) 人员进入机道作业必须停止采煤机和输送机，并停电闭锁后方可联网。

（3）及时更换失效支柱。对支柱及时栓防倒绳。

（4）综采工作面要及时移架；顶板破碎、煤帮松软时，要超前移架，必要时要带板维护顶板，使液压支架端面距不大于340 mm。

（5）在进入煤壁附近前，先用长柄工具对顶帮进行敲帮问顶，在确认没有悬矸、松顶和软帮等情况时，再进入煤壁附近作业。

（6）在工作面煤壁伞檐下作业，一旦伞檐冒落可能砸人。所以，当煤壁伞檐超过规定（伞檐≥1 m，最突出部分≥200 mm）时，应先处理伞檐，然后再进行作业。

（7）采煤机带负荷启动，造成机组不能正常运转，严重时损毁机组。所以，采煤机启动时，必须先观察上下滚筒，确保上下滚筒没有进刀的情况下才可以启动。

（8）回柱放顶时，必须保证后路畅通，便于回柱工行动自由，特别是在紧急情况下，更要确保可靠、畅通的后路。

（9）在工作面刮板输送机中运送木料时，要注意前后距离，顶板变化和支柱完好等情况，不要顾前不顾后和顾上不顾下。木料要放平整，不能堆放太集中。往刮板输送机中放料时先放前端，取料时先取后端。

（10）推移工作面刮板输送机要滞后采煤机滚筒10 m以上距离，弯曲段不小于10～15 m，再进行推溜作业，注意防止推溜槽错口和片帮冒矸伤人。

第二节　掘进系统危险源辨识和防治措施

一、掘进系统危险源辨识

（1）掘进迎头空顶距离超过规定作业时，顶板掉矸砸人。

（2）巷道顶帮危岩、活矸，掉落砸人。

（3）掘进巷道打眼作业时，粉尘浓度大。

（4）掘进机截割时，伤人。

（5）掘进迎头瓦斯超限不知道。

（6）架棚后，倒塌砸人。

（7）独头巷道进行刷帮、挑顶时，将人员困堵在里面。

（8）砌碹工作台垮塌伤人。

（9）安装树脂锚杆时，失效。

（10）装岩机耙斗伤人。

二、掘进系统危险源防治措施

（1）严格按照作业规程的规定，及时对暴露出来的顶板进行支护，有必要时还需支好前探梁，杜绝掘进迎头空顶距离超过规定仍然向前作业，确保人员在有支护的条件下进行作业。

（2）必须及时清除巷道顶帮危岩、活矸，不得留有隐患，先支设临时支架，再架设永久支架，最后回撤临时支架。

（3）掘进巷道干打眼，易引起打眼作业时粉尘浓度大，使作业人员患尘肺病，还可能引发煤尘爆炸。所以，必须坚持使用水电钻，且保证足够的水。

（4）掘进机司机在启动掘进机时，必须撤离截割头前方和旋转范围内的工作人员，并发出启动信号后，方可进行机组的试运行和正常运转工作；掘进机在截割过程中，严禁人员进入掘进机蟹爪附近和截割头前方部位。

（5）掘进迎头应悬挂常开的便携式甲烷检测报警仪，下井当班的班组长必须携带便携式甲烷检测报警仪。

（6）支架应坚实牢固，背帮背顶材料要紧贴围岩，不得松动或空帮空顶。顶部和两帮的背板应与巷道中线或腰线平行，其数量和位置应符合作业规程规定。梁腿接口处的两肩必须加楔打紧，背板两头必须超过梁柱的中心。支架与支架之间要用撑木或铁拉子连接牢靠。

（7）独头巷道进行刷帮、挑顶时，在施工段以里不得有人工作，以防施工处冒顶将人员困堵在里面。

（8）砌碹搭建的工作台上，要留有工作人员躲闪冒落矸石的空间。工作台要用扒钉将方木腿和方木梁扒牢。禁止在平台上堆积过多的材料和砸料石。

（9）安装树脂锚杆时，先用杆体测量孔深和孔直径，符合规定要求后，再将树脂锚固剂放入孔内，并用杆体将锚固剂缓推至孔底。在杆体尾部上好连接头，用煤电钻或风动搅拌器连续搅拌，搅拌时间要符合规定。搅拌后，用小块矸石或木楔卡住杆体，然后轻轻取下搅拌钻具，不许出现杆体下滑现象。树脂经15 min 固化后，安装托板，并按作业规程规定的时间和扭距拧紧螺帽，使托板紧贴岩壁面。

（10）耙斗装岩机开动前，必须发出信号，确认工作面无人后方可进行。耙斗装岩机按操作规程作业，防止空重绳滚筒手把同时向后扳动，造成空重绳同时牵引将耙斗悬空甩出伤人。

第三节　通防系统危险源辨识和防治措施

一、通防系统危险源辨识

（1）矿井反风装置损坏，造成重大通风事故。

（2）开采突出煤层，串联通风。

（3）瓦斯超标，伤害人员生命。

（4）风流中瓦斯浓度达到 1.5%，威胁人员安全。

（5）每两次瓦斯检查，间隔时间太长。

（6）不佩戴个体防护粉尘的用具，危害身体健康。

（7）隔爆水槽上有煤尘，影响隔爆效果。

（8）井下烧焊作业后，造成火种复燃。

（9）将剩油、废油泼洒在井下机房内。

（10）主要通风机房有火源。

二、通防系统危险源防治措施

（1）矿井主要通风机必须装有反风装置，以使矿井发生瓦斯煤尘爆炸或火灾时，能采用矿井反风方法进行抢险救灾。反风装置能在 10 min 内改变巷道中的风流方向；当风流方向改变后，主要通风机的供给风量不应小于正常供风量的 40%。每季度至少检查一次反风装置，每年应进行一次反风演习；矿井通风系统有较大变化时，应进行一次反风演习。

（2）开采有瓦斯喷出和煤（岩）与瓦斯（二氧化碳）突出危险的煤层，严禁任何两个工作面之间串联通风。

（3）瓦斯超标使现场人员缺氧窒息，甚至死亡；瓦斯在一定条件会燃烧，甚至发生爆炸，可能造成矿毁人亡；瓦斯与煤或岩体一起发生突出，掩埋设备、巷道和人员。

（4）采掘工作面和其他作业地点风流中瓦斯浓度达到 1.5% 时，必须停止工作，切断电源，撤出人员，进行处理。

（5）每班检查瓦斯 2 次时，其间隔时间不允许大于半班；每班检查瓦斯 3 次时，其间隔时间不允许大于 2.5 h，允许偏差不大于 20 min。

（6）个体防护粉尘的用具主要有防尘口罩、防尘风罩、防尘帽和防尘呼吸器等。其目的是使佩戴者能呼吸净化后的清洁空气，保护身体健康。

（7）隔爆水槽盖上或水面沉积有煤尘，煤尘可参与爆炸，影响隔爆效果。

（8）井下烧焊作业后现场监护时间不够 1 h，造成原来未灭绝的火种，重新复燃。

（9）将剩油、废油泼洒在井下机房内，将引起机房外因火灾，所以，严禁将剩油、废油泼洒在井下机房内。

（10）主要通风机房有火源，可能引起主要通风机房着火。所以，主要通风机房周围 20 m 范围内不得有烟火或用火炉取暖。

第四节　电气系统危险源辨识和防治措施

一、电气系统危险源辨识

(1) 矿井无双回路供电。

(2) 不坚持使用"三大保护"装置，引发事故。

(3) 总开关供电时，人员触电。

(4) 人身触及或接近带电导体。

(5) 操作煤电钻，人身触电。

(6) 局部通风机和掘进工作面的电气设备电火花，引爆瓦斯。

(7) 电缆连接处引起电火花。

(8) 采煤机在割煤运行中，挤、刮破电缆导致漏电。

(9) 隔爆电气设备外壳内或外表面锈蚀造成"失爆"。

(10) 电缆被砸、撞、挤、刮而出现漏电。

二、电气系统危险源防治措施

(1) 矿井应有双回路供电。当任何一回路发生故障，停止供电时，另一回路应能担负矿井全部负荷，保证矿井正常生产和安全。

(2) 在供电系统中，由于电气设备绝缘损坏、操作维护不当以及外力破坏，造成短路、漏电、断相故障或其他不正常的运行状态，影响矿井的正常生产，甚至造成爆炸事故，危害人身安全。所以，必须坚持使用"三大保护"（漏电保护、过流保护和接地保护）装置，以免产生严重后果。

(3) 一台总开关向多台设备或多处地点供电时，停电检修完毕，需要送电时，必须与所供电范围内的其他工作人员联系好，确认所供电范围内无其他人员工作时，方可送电。

(4) 防止人身触及或接近带电导体。例如，电气设备的裸露导体必须安装在一定的高度，或者用栅栏围住，使人员不能接近；高压设备的栅栏门，必须装设开门即停电的闭锁装置；将电气设备的带电部件和电缆接头，全部封闭在外壳内等。

（5）煤电钻必须使用设有检漏、漏电闭锁、短路、过负荷、断相、远距离启动和停止煤电钻功能的综合保护装置。每班使用前，必须对煤电钻综合保护装置进行 1 次跳闸试验。煤电钻操作手柄必须有良好绝缘。

（6）局部通风机和掘进工作面的电气设备，必须装有瓦斯电闭锁。瓦斯电闭锁指的是掘进工作面设置的瓦斯监测仪，当探测到瓦斯超过规定限度时，可自动关闭动力电源，并只有瓦斯降低到规定限度（瓦斯浓度为 1%，二氧化碳浓度为 1.5%）以下时方可恢复送电的闭锁装置。

（7）电缆连接应避免因出现明接头、"鸡爪子"和接线虚，引起电火花和电弧现象，减少漏电和短路故障。

（8）采煤机在割煤运行中挤、刮破电缆导致漏电，导致人员盘放机组电缆时触电。现场应查明原因进行处理，严禁甩掉检漏继电器。

（9）隔爆电气设备外壳内或外表面锈蚀，出现"失爆"现象，产生电气火花，引起瓦斯煤尘爆炸。电气设备"失爆"指的是防爆电气设备失去"耐爆性"和"不传爆性"。因此要杜绝井下电气设备"失爆"现象的发生，若发现隔爆电气设备外壳内或外表面锈蚀，应立即停用进行处理，确保煤矿安全生产。

（10）不重视井下电缆的日常维护和检查，造成电缆被砸、撞、挤、刮而出现漏电，影响供电系统的安全和人身安全。要对电缆进行日常维护和检查，及时发现问题，保证其安全工作。要建立定期预防性试验制度、电缆防护与防腐制度和电缆的日常维护和定期巡视检查制度。

第五节 运输提升系统危险源辨识和防治措施

一、运输提升系统危险源辨识

（1）井底车场的信号直接向提升机司机发送。

（2）电机车顶车行驶。

（3）两列车在同一轨道上、同一方向行驶时，发生追尾事故。

（4）当列车进入车场时，未断开架空线的电源，人员就上下车。

（5）电机车停车时，其他人员随便开车。

（6）斜巷串车提升脱钩、断绳伤人。

（7）阻车器不灵活可靠。

（8）斜巷提升时，蹩钩、行人。

（9）斜巷提升，用矿灯代替信号。

（10）斜巷绞车提升，不送电松闸放车。

二、运输提升系统危险源防治措施

（1）在正常情况下，井底车场的信号必须经由井口把钩工转发，不得越过井口把钩工直接向提升机司机发信号。

（2）电机车必须在列车前端牵引行驶，除调车和处理事故外，严禁顶车行驶。

（3）两机车或两列车在同一轨道上、同一方向行驶时，必须保持 100 m 的安全距离，以防发生追尾事故。

（4）当列车进入车场时，人员上下车之前必须先断开架空线的电源，否则不许人员上下车。双轨巷道乘人车车场在人员上下车时，禁止其他车辆驶入。

（5）电机车停车时，司机必须切断电源，将手把闸闸紧，打开前后灯。司机离开机车时，必须将手把取下，并随身携带，以防其他人员随便开车。

（6）阻车器必须灵活可靠，井口阻车器必须与罐笼停止位置联锁，即罐笼未到停止位置时，打不开阻车器，以防车辆掉入提升井巷。

（7）斜巷串车提升时设置防跑车装置和跑车防护装置。防护装置在提升时必须经常关闭，放车时方可打开。在一条斜巷中坚持"行车不行人，行人不行车"制度。

（8）斜巷提升时蹬钩、行人，在发生跑车、掉道时，将造成伤害人员事故。

（9）斜巷提升声、光信号要齐全、准确、可靠，不准用矿灯、喊话、敲打管子等代替信号。

（10）斜巷绞车提升时，绞车制动装置应灵活可靠，闸瓦间隙应合适；司机操作时要防止松绳冲击；下方车辆必须给绞车送电，严禁不送电松闸放车。

第六章　井下避灾与互救基本知识

第一节　煤矿伤亡事故分类

一、按伤害程度分类

（1）轻伤。轻伤指的是负伤后需要休工一个工作日及以上，但未达到重伤程度的伤害。

（2）重伤。重伤指的是负伤后按国务院有关规定，依据具有资质的医疗机构出具的证明材料诊断为重伤的伤害。例如，经医师诊断成为残疾或可能成为残疾；伤势严重需要进行较大手术才能挽救；严重骨折；严重脑震荡；大拇指轧断一节或其他手指轧断两节；脚趾轧断三只以上及内部伤害等。

（3）死亡。死亡指的是按国务院有关规定，依据公安机关或者具有资质的医疗机构出具的证明材料确定为死亡的伤害。

二、按伤亡人数或直接经济损失分类

（1）一般事故。一般事故指的是 3 人以下死亡、10 人以下重伤或 1 000 万元以下直接经济损失的事故。

（2）较大事故。较大事故指的是 3～10 人死亡、10～50 人重伤或 1 000～5 000 万元直接经济损失的事故。

（3）重大事故。重大事故指的是 10～30 人死亡、50～100人重伤或 5 000 万～1 亿元直接经济损失的事故。

（4）特别重大事故。特别重大事故指的是 30 人以上死亡、

237

100 人以上重伤或 1 亿元直接经济损失的事故。

三、按伤亡事故性质分类

（1）顶板事故。顶板事故指的是矿井冒顶、片帮、煤炮、冲击地压、顶板掉矸等造成的伤亡事故。

（2）瓦斯事故。瓦斯事故指的是瓦斯（煤尘）爆炸（燃烧）、煤（岩）与瓦斯突出、瓦斯窒息（中毒）造成的伤亡事故。

（3）机电事故。机电事故指的是触电、机械故障伤人造成的伤亡事故。

（4）运输事故。运输事故指的是车辆撞、挤、轧人，斜井跑车，竖井蹾罐，输送机伤人等造成的伤亡事故。

（5）火药爆破事故。火药爆破事故指的是爆破崩人、触响瞎炮伤人、火药和雷管意外爆炸等造成的伤亡事故。

（6）水害事故。水害事故指的是老空水、地质水、洪水灌入井下，井下透地面水，巷道或工作面积水，充填溃水伤人，冒顶后透黄泥、流砂等造成的伤亡事故。

（7）火灾事故。火灾事故指的是煤层自然发火和外因火灾使人致死或产生的有害气体使人中毒，以及地面火灾等造成的伤亡事故。

（8）其他事故。

第二节　井下避灾的基本原则

井下避灾的基本原则：发现灾情先汇报，积极救灾别乱跑；险情太大快撤离，避灾自救勿急躁。

一、及时报告事故

（1）当发现（生）灾情时，事故地点附近人员应尽量了解或判断事故性质、地点和灾害程度，迅速地利用最近处的电话或其他方式向矿调度室汇报。

（2）迅速向事故可能波及的区域发出警报，使其他地点作业人员尽快知道灾情。

（3）报告事故时要沉着冷静，如实汇报看到、听到和感受到的灾害情况。一时不清楚的，按领导指示在保证自身安全前提下再调查，进行第二次汇报。

（4）事故抢救期间，应随时向矿调度室汇报灾区状况及抢救进展情况。

二、积极救灾

（1）根据现场灾情和条件及时进行抢险救灾工作，严禁盲目蛮干。

（2）在保证自身安全条件下听从统一指挥，严禁各行其是。

（3）尽可能最大限度地减少事故造成的损失。

（4）灾区条件恶化、威胁现场人员安全时，应及时组织安全撤离。

三、安全撤离灾区

（1）沉着冷静。要保持清醒的头脑、临危不乱，做好充分准备，谨慎妥善地行动。

（2）统一行动听指挥。所有人员不得各行其是、盲目蛮干。

（3）团结互助。所有遇险人员要互相协作，同心协力到达安全地点。

（4）加强安全防护。撤退前所有人要戴好必备的防护用品和器具，行动中不得盲目狂奔乱跑；遇积水区、冒落区等危险地段时，应探明情况后谨慎行进。

（5）选择正确的撤退避灾路线（图6-1）。撤退前尽量选择安全条件好、距离短的避灾路线，不能侥幸冒险，更不能犹豫不决而贻误时机。

图 6-1　发生事故时迅速撤离危险灾区

四、妥善进行避灾

当无法安全撤离灾区时，遇险人员应妥善进行避灾自救。

（1）选择安全的避灾地点。应迅速进入预先构筑的避难硐室或其他安全地点（如两道风门之间、独头巷道或硐室）暂时躲避，等待救援；或利用现场的设施、材料构筑临时的避难硐室。

（2）保精良好的精神状品。应保持稳定的情绪，树立坚定的获救脱险的信念。不悲观失望和过分忧虑，不急躁盲动、冒险乱闯。

（3）加强避灾地点的安全防护。

① 在避灾时要密切注意事故的发展和所在地点的情况变化，必要时要加强避灾地点的安全防护（如支护、建临时风障、开启压风管等）。

② 在有毒、有害气体浓度越限时，立即使用自救器和其他防护用品。

③ 发现避灾地点条件恶化、危及避灾人员安全时，应立即

转移，寻找安全地点。

④ 转移时，要沿途设置明显的标记，以便救护人员寻找和救援。

（4）积极同救援人员取得联系。在避灾地点，采用呼喊、敲击通往其他地方的管线或巷道的帮、顶等发出求救信号；同时寻找一切可以与外界联系的方式，尽快与救援人员取得联系。

五、井下避灾安全注意事项

（1）事故地点存在有毒有害气体时，必须及时正确地佩戴好自救器，不准未佩戴使用自救器的人员进入灾区或通过窒息区撤退。

（2）对受伤、昏迷的同志应立即抢救，并迅速转移到安全地点。

（3）伤员一时不能外运时，应就地及时采取止血、包扎、人工呼吸等急救措施。

（4）在灾区避灾待救时，遇险人员要互助互爱，树立坚定信念，共渡难关，直至安全脱险。

（5）当听到营救信号或发现营救人员时，应按先撤重伤员后撤轻伤员的原则，有秩序地安全撤退；在灾区内避灾较长时间的，要避免剧烈活动及强光刺激。升井后忌暴饮暴食，要遵医嘱或听从救护人员的安排，以免发生意外的伤害。

第三节 矿井发生事故后的自救互救与避灾

所谓"自救"就是矿井发生灾变事故时，在灾区或受灾变影响区域的人员进行避灾和保护自己。而"互救"则是在有效地自救前提下妥善地救护他人。"自救"和"互救"是减轻事故伤亡程度的最有效的措施之一。

一、瓦斯煤尘爆炸事故的自救互救和避灾

瓦斯煤尘爆炸会产生巨大的声响、高温有毒气体、炽热的火焰、强烈的冲击披。因此瓦斯爆炸时，应注意以下几个要点：

（1）背向空气颤动的方向，俯卧在地。

当听到爆炸声响或感觉到空气冲击波时，现场作业人员一定要镇静清醒，不要惊慌失措，乱喊乱跑，应立即背朝声响和气浪传来的方向，迅速卧倒，脸朝下，双手置于身体下面，闭上眼睛，以减小伤害的程度。

（2）用衣物护好身体。

爆炸后产生几千度的瞬间高温，会烧着人体，立即屏住呼吸，用温毛巾捂住口鼻，防止吸入有毒的高温气体，避免中毒和灼伤气管与内脏；用衣服将自己身体的裸露部分尽量盖严，以防火焰和高温气体灼伤皮肤。

（3）立即佩戴自救器。

爆炸事故发生后，产生大量有害气体，如 CO 浓度可能达到 $4\%\sim8\%$，容易造成人员中毒窒息。这是爆炸事故死亡人数多的主要原因。自救器是爆炸事故后现场作业人员应急自救互救的可靠呼吸装置。因此爆炸事故发生时，作业人员应迅速取下自救器，佩戴好，以防止吸入有毒气体。

禁止无任何救护仪器和防护条件的工人盲目进入灾区抢险，以免造成无谓死亡，防止事故扩大。

（4）立即撤离灾区。

①爆炸事故发生后，作业人员切忌乱喊乱叫，狂奔乱跑，要在现场班（组）长和有经验的老工人带领下，有条不紊地组织撤退。在撤退路途中要互相关心，互相帮助，互相照顾。现场人员应在统一指挥下向有新鲜风流的方向撤退或躲进安全地区，注意防止二次爆炸或连续爆炸的再次损伤。

②选择距离最近、安全可靠的避灾路线，迅速撤离灾区，到达新鲜空气处。

③ 如果爆炸破坏了巷道中的照明和路标，迷失了前进方向，撤退逃生人员应迎着风流方向撤退。

④ 在撤退沿途，特别是巷道交叉处，应留设撤退方向的明显标志，以提示矿山救护队和其他救援人员的注意。

⑤ 在撤退时尽量弯下腰沿巷道下部前进，因为瓦斯密度较小，在巷道下部瓦斯含量较少。

（5）撤到安全地点避灾。

如果往安全地点撤退的路线受阻，避难人员应当就近选择避难硐室、救生舱或压风自救硐室避灾待救。

① 在避灾地点外面构筑风障、挡板，留标记、衣服等物品，防止有害气体侵入，方便救援人员发现，或者利用一切可以利用的现场材料修建临时避难硐室，等待外面救援人员前来营救。

② 避灾地点待救人员要尽量俯卧到巷道底部，以保持体力，减少氧气消耗和避免吸入更多的有害气体。若附近有压风管路或压风自救系统，应及时打开阀门放出新鲜空气和戴上呼吸器。但要注意防止压风过大，造成避灾地点温度过低。

③ 在避灾地点要使用一台矿灯照明，其余矿灯全部关闭。所剩食品和水要节约饮用，做好长时间避灾的准备。

④ 待救人员应有规律地不断敲击金属棚子、铁道、矿车、铁管或矸石等，向外发出求救信号；当外面传进寻找遇险人员信号时，要及时反馈回去，以便互相联系。

二、发现突出预兆和突出事故后的自救互救和避灾

1. 采煤工作面区域

发现有突出预兆或发生突出时，迅速向进风侧撤离。撤离中快速打开自救器并佩戴好，迎着新鲜风流继续外撤。如果距离新鲜风流太远时，应首先撤到避难所，或利用急救袋进行自救，等待救护队救援。

2. 掘进工作面区域

迅速向外撤离至反向风门之外，并关好反向风门，之后继楼

外撤，撤离中快速佩戴好自救器。如果自救器发生故障或佩戴自救器仍不能安全到达新鲜风流时，应立即撤到避难所或急救袋，等待救援。

3. 新鲜风流区域的职工主动参加救灾工作

（1）瓦斯突出事故波及范围比较大。如果灾区停电无被水淹的危险，应远距离切断电源。严禁任何人在瓦斯超限有爆炸危险的现场停、送电，防止产生火花引起爆炸。如果灾区因停电有被淹危险时，应加强通风，特别要加强电气设备处的通风，做到运转的设备不停电、停电的设备不送电。

（2）在灾区外的人员，发现突出事故发生后，要利用电话或其他通讯方式向领导或调度室报告发生事故的时间、地点、人员及其他情况，阻止不佩用防护仪器的人员进入灾区。对于在灾区内距离新鲜风流近的人员救灾时，必须佩戴矿用隔离式自救器。

三、矿井火灾事故的自救互救和避灾

（1）查明灾情，速汇报。

不论谁发现烟气或明火等火灾灾情，在尽可能迅速判明事故性质、地点及灾害程度、风流及火势、烟气蔓延的速度和方向，以及自己所处的巷道位置等情况的同时，立即向现场领导汇报，并迅速通知附近工作的人员。

（2）及时扑灭初始火灾。

现场人员是及时扑灭初始火灾的最佳力量。他们在现场能及时发现火情，能有效地将火灾扑灭在初始阶段。

现场人员扑灭初始火灾的主要方法就是进行直接灭火。根据现场具体条件，可以采用喷射化学灭火器、用水灭火或用砂子覆盖火源等方法。

（3）迅速撤离火灾现场。

矿井火灾发生后，火势很大，现场作业人员不能采用直接灭火的方法将火扑灭时，或者现场不具备直接灭火的条件时，应迅速撤离火灾现场。

（4）立即佩戴自救器。

矿井火灾发生后，空气中会形成大量的一氧化碳、二氧化碳等有害气体，所以在撤离火灾现场时必须佩戴自救器。否则，可能使撤离过程中的人员中毒窒息甚至死亡。

【案例】某煤矿下井人员（7：00）抽烟坐矿车下井，下车前在距一水平上部车场 25 m 处顺手将烟头丢至支护背料处，在风流的作用下，引燃了支护背帮护顶的竹梢，导致了火灾事故的发生，造成 7 人死亡。

（5）迅速进行安全撤退。

① 在撤离火灾现场时，首先要判明和了解着火的原因、地点、范围和受火灾影响区域的通风系统等情况，按照《矿井灾害预防与处理计划》及现场实际条件，确定撤退路线。

② 撤退时，在任何情况下任何人都不要惊慌失措、不能狂奔乱跑，应在班（组）长和有经验的老工人的带领下，有组织、有纪律地进行撤退。

③ 位于火源进风侧的人员，应迎着新鲜风流撤退。位于火源回风侧的人员，如果距离火源较近且穿越火区没有危险时，可迅速越过火区冲到火源的进风侧。

④ 撤退时应在靠近巷道有连通出口的一侧，以便寻找有利时机进入安全地点。

⑤ 在有高温烟雾巷道里撤退时，注意不要直立奔跑。在烟雾不严重时，应尽量躬身弯腰，低着头迅速行进；而在烟雾大、视线不清或温度高时，则应尽量贴着巷道底板及其一侧，摸着铁道、管道或棚腿等急速爬出。应利用水沟中的水、顶板和巷壁淋水或巷道底板积水浸湿毛巾、工作服，或向身上洒水等方法进行人体降温，减小体力消耗；同时，还应注意利用随身物件或巷道中的风帘布等遮挡头面部，以防高温烟气的刺激和伤害。

（6）立即避灾待救。

① 当矿井火灾发生后，如果顺着风流方向或逆着风流方向撤退都无法避免火焰、烟雾可能带来的危害，或者撤退时遇到冒

顶、积水，或因其他原因巷道阻塞、人员无法通过时，都应迅速进入避难硐室或救生仓。

②如果附近没有避难硐室或救生仓，应在烟雾袭来之前，选择合适地点，利用现场条件和材料快速构筑临时避难所，进行现场应急自救互救

③撤到烟雾扩散不到的独头巷道中，利用工作服、风帘布等防堵烟气侵入。

④在避难待救时，要互相帮助，互相关心，注意少动静卧，稳定情绪，坚定信心，以减少避灾地点的氧气消耗和体力消耗，在任何情况下都要尽量避免深呼吸和急促呼吸。

⑤如果在避灾地点有仍在送风的局部通风机或压风机管道，或者附近有压风自救系统，要打开这些设施，呼吸新鲜空气。

四、矿井水灾事故的自救互救和避灾

【案例】2010年4月6日在被困179个小时后，山西省华晋焦煤王家岭煤矿"3·28"透水事故首批9名被困人员成功获救；13个小时后，又有106名被困工人被救出井。整整8天8夜，115人由于积极开展自救互救，终于成功获救！

(1) 发生透水预兆应当撤出人员。

发生透水预兆时，必须停止作业，立即报告矿调度室，发出警报，撤出所有受水威胁地点的人员。

(2) 突水初期，积极妥善地组织抢救。

突水的初期，在保证自身安全的前提下，应在现场领导和老工人的组织带领下，利用现有的人力物力，迅速进行抢救。如突水地点周围围岩坚硬、涌水量不大，可组织力量，就地取材，加固工作面，尽快堵住出水口。

在水源情况不明、涌水凶猛、顶帮松散的情况下，决不可强行封堵出水口，以免引起工作面大面积突水，造成人员伤亡，扩大灾情。

(3) 迅速撤离灾区，及时避险（图6-2）。

图6-2　水灾中的自身救护

①在突水迅猛的情况下，人员应避开水口和水流，迅速躲避到附近硐室内、拐弯巷道或其他安全地点。

②在透水时水流急速来不及躲避的情况下，人员应抓住棚子或其他固定物件，以防被水流冲倒、卷跑；附近没有棚子或其他固定物件时，应互相手拉手肩并肩地抵住水流。

③如果矿井透水的水源为采空区积水，使灾区有害气体浓度增加时，人员应立即佩戴自救器。

④在正在涌水的巷道中撤离时，应靠近巷道的一侧，抓牢巷道中的棚腿或棚梁、水管、压风管、电缆（断电）等固定物件；尽量避开压力水头和水流；注意防止被涌水带来的矸、木料和设备等撞伤自己。

⑤双脚要站实踩稳，一步步前进，避免在水流中跌倒。万一跌倒，要两手撑地，尽量使头露出水面，并立即爬起。

⑥在条件允许的情况下，应迅速撤往透水地点以上的巷道，而不能进入透水地点附近或透水地点的下方独头巷道。如果在撤

247

退途中迷失方向，且安全标志已被水冲毁，一般应沿着风流通过的上山巷道撤退。当矿井透水涌入独头上山的下部时，在万不得已的情况下，人员可以撤至未被水淹的上山上部。但必须注意该上山上部不得与其他巷道连通或漏气。

（4）妥善避灾等待救援或退水自行脱险。

矿井透水后，当人员撤退路线被涌水阻挡去路时，或者因水流凶猛而无法穿越时，应选择离安全出口井或大巷最近处、地势最高的上山独头巷道暂避；迫不及待时，还可爬上巷道顶部高冒空间，等待矿上将涌水排干或救援人员的到来，切忌采取盲目潜水逃生等冒险行动。

① 对避灾地点要进行安全检查和必要的维护。还应根据现场实际需要，设置挡帘、挡板或挡墙，防止涌水和有害气体的侵入。

② 进入避灾地点以前，应在巷道外口留设文字、衣物等明显标记，以便于救援人员能及时发现和组织营救。

③ 在避灾地点进行避灾待救时，应间断地、有规律地敲击铁管、铁轨、铁棚或顶底板等物体，向外发出求救信号。但要注意避免因敲击引起坍塌和垮落。

④ 如果避灾地点没有新鲜空气，或者有害气体大量涌出，必须立即佩戴自救器。附近安装有压风自救系统，应及时打开自救系统进行呼吸；如果附近无压风自救系统但安装有压风管，应及时打开压风管阀门，放出新鲜空气，供被围困人员呼吸。

⑤ 注意避灾时的身体保暖。如果衣服被浸湿应该将其拧干，同时将双脚埋在干煤堆中保暖；若多人同在一处避灾，可互相依偎紧靠着身体来取暖，打开压风管阀门处，应注意被围困地点的温度不要太低。

⑥ 在被围困期间，遇险人员可以在积水边缘放置一大块煤矸或其他物件作为水情标志，随时观察积水区水位的上升和下降情况，及时推测矿上抢险救灾的进展情况，以便采取自行脱险行动。

⑦ 要少饮或不饮不洁净的矿井水，特别是不能饮用老空区水，以免中毒。需要饮水时应选择适当的水源，并用干净衣巾、布匹过滤。

决不能吞食煤块、胶带、电缆、衣料、棉絮、纸团和木料等物品。绝对不能饮食腐烂物品。

⑧ 做好较长时期不能脱险的思想准备。注意节省使用矿灯。随身所带食物要匀着吃，遇有食物不能暴饮暴食。要平卧在地，不急不燥，避免体力的过度消耗。要统一指挥，一致行动，团结互助，互相关心，互相劝慰。

五、矿井冒顶事故的自救互救和避灾

（一）采煤工作面发生冒顶后的应急措施

（1）迅速撤离。当发现冒顶预兆而又难以采取措施防止冒顶时，要迅速离开危险区，撤退到安全地点。

（2）及时躲避。当冒顶发生又来不及撤至安全地点时，应及时背靠煤帮站立，但要注意防止煤壁片帮伤人；如果靠近木垛时，也可撤至木垛处避灾。

（3）立即求救。冒落基本稳定后，遇险人员应立即采用呼叫、敲打（不要敲打对自己有威胁的支架、物料和岩块）等方法，发出有规律、不间断的求救信号，以便撤离的人员了解灾情，组织力量进行抢救。

（4）配合营救。发生冒顶埋人事故时，被埋压的人员不要惊慌失措，切忌猛烈挣扎；被隔堵的人员，应在遇险地点维护好自身安全，构筑脱险通道，配合外部的营救工作。

（二）独头巷道迎头冒顶被堵人员的应急措施

（1）正视处境，沉着应对。要正视已发生的灾难，坚定信念，听从班组长和有经验的老职工的指挥，尽量减少体能和氧气的消耗，做好长时间避灾的准备。

（2）千方百计，寻求救援。如果被困地点有电话，应立即汇报灾情；若没有电话，就应每隔一定时间敲击轨道、管道和岩

石，发出有规律的求救信号，以便救援人员发现。

（3）维护被困地点的生存条件。检查并加固冒落地点和人员避难处的支架，以防冒顶进一步扩大，保障被堵人员的安全。如果被困地点有压风管，应打开压风管开关输送新鲜空气，但要注意保暖。

（三）采煤工作面发生冒顶事故后营救遇险人员的方法

采煤工作面发生冒顶事故后，即使冒落面积较大，矿工依靠自己的力量也可开展营救工作，至少可以为矿山救护队的抢救做好准备。其方法是：

（1）暂停向冒落区附近的机电设备供电。

（2）检查和维护好冒落地点及其附近的安全（支护是否牢固，是否有瓦斯涌出，是否有再次冒落的危险），以保障营救人员在救灾时的安全，并有畅通、安全的退路。

（3）冒落范围不大时，如果遇险人员被大块矸石压住，可用液压千斤顶等工具把大块岩石支起，再将遇险人员救出，切忌生拉硬拽。

（4）如果顶板沿煤壁冒落，矸石块度比较破碎，遇险人员靠近煤壁位置时，可沿煤壁由冒顶区从外向里掏小洞（若遇险人员位置靠近放顶区，则可沿放顶区由外向里掏洞）架设梯形棚子（靠冒落区的一帮必须用木板背好，防止漏矸石），边支护边掏洞，直到把遇险人员救出。

（5）分层开采的工作面发生冒顶，若底板是煤层，遇险人员的位置在金属网或荆条假顶下面时，可沿底板煤层掏小洞，边支护边掏洞，接近遇险者后将其救出。

（6）如果底板是岩石，遇险者位置在金属网或荆条假顶下面时，可沿煤壁掏小洞接近遇险人员，然后再视现场情况采取措施（如用风镐在底板中掏小洞等）到达遇险人员处将其救出。

（7）如果工作面上、下出口同时冒落，或工作面中部冒落范围很大，把人堵在中间，掏小洞时间长、不安全时，可采用沿煤层重开切眼的方法处理和救人。

（四）掘进工作面发生大面积冒顶后被隔堵人员的营救方法

在掘进工作面发生大面积冒顶，或独头掘进巷道后部冒落，人员被隔堵后，虽然营救工作比较复杂，但为了赢得抢救时间，为矿山救护队的抢救做好准备，采掘一线人员应积极组织抢救。其方法是：

（1）暂停冒顶区附近机电设备的供电。

（2）利用压风管、水管以及打钻孔等方法，向被隔堵人员所在地输送新鲜空气、水和食物。

（3）根据被堵遇险人员所在的位置，确定采用恢复垮落巷道或打绕道等方法，到达遇险人员避灾地点进行抢救。

一般采用的恢复垮落巷道方法有"井"字木垛法、"井"字木垛和小棚结合法、搭凉棚法、撞楔法等。

第四节 自救器及其使用方法

一、自救器概述

1. 自救器的作用

煤矿井下自然条件特殊，经常发生某些灾害事故。灾害事故发生以后，如瓦斯爆炸或突出、煤尘爆炸、火灾等会造成有害气体增加，冒顶和透水等事故常将井下人员围困在密闭的空间里，使氧浓度减少，人们在灾害事故环境中逃生或避灾，会因缺氧和吸入过量有害气体而发生中毒、窒息甚至死亡事故。

自救器是一种轻便、体积小、便于携带、使用便利、作用时间较短的个人呼吸保护装置。按照《煤矿安全规程》规定，入井人员必须随身携带自救器。

【案例】某煤矿主平硐室以里约150 m处的简易爆炸材料硐室内存放的炸药发生燃烧与爆炸，产生大量有毒有害气体，井下作业人员没有配备自救器导致中毒，造成17人死亡、1人受伤。

2. 自救器的分类

自救器按其工作原理不同，可分为过滤式自救器和隔离式自救器两大类。由于氧气生成原因不同，隔离式自救器又可分为化学氧自救器和压缩氧自救器两类。

过滤式自救器和隔离式自救器的主要区别是供人呼吸的氧气不同。隔离式自救器供人呼吸的氧气是由自救器本身供给，与外界空气成分无关，故能隔离所有有害气体。而过滤式自救器供人呼吸的氧气仍是外界空气中的氧气，所以，使用环境氧气浓度不能低于18%，一氧化碳浓度不能高于1.5%，且不能含有其他有毒有害气体。由于过滤式自救器安全可靠性较差，所以，2011年1月27日国家安全生产监督管理总局、国家煤矿安全监察局颁发的《禁止井工煤矿使用的设备及工艺目录（第三批）》中规定：一氧化碳过滤式自救器自发布之日起1年后禁止使用。

3. 自救器使用一般注意事项

（1）化学氧自救器在佩戴使用状态下有效期为3年，在库存状态下有效期为5年。用于压缩氧自救器的氧气瓶必须每3年进行一次水压试验。

（2）自救器由矿井集中管理，实行专人专用。自救器的专管人员负责自救器的日常检查和维护，随身携带的过滤式自救器和化学氧自救器自救器每月检查1次；压缩氧自救器每半年检查1次；受到剧烈撞击、有漏气可能的自救器，应随时进行气密性和增重检查。

（3）凡开启过的化学氧自救器，无论使用时间长短，都应报废，不准重复使用。开启过的压缩氧自救器，应由维修人员进行涮洗、消毒、充气和更换二氧化碳吸收剂。化学氧自救器不允许修复。

（4）矿井应当负责对下井人员进行自救器及其使用方法的培训和训练。新工人下井前必须达到30 s内完成佩戴自救器的熟练程度。

（5）佩戴自救器前，应当仔细阅读该自救器产品说明书，掌握其性能、特点和佩戴方法。

（6）戴上自救器后，外壳逐渐变热，吸气温度逐渐升高，表明自救器工作正常。绝不能因为吸气干热而认为自救器过期失效将自救器扔掉。

（7）化学氧自救器佩戴初期，生氧剂放氧速度慢，如果条件允许，应尽量缓慢行进，如没有被炸、被烧、被埋和被堵的危险时，等氧足够呼吸时再加快速度。撤退时最好按 4～5 km/h 的速度行走，呼吸要均匀，千万不要跑。

（8）佩戴过程中口腔产生的唾液可以咽下，也可任其自然流入口水盒中，决不可拿下口具往外吐；同时不能因为流鼻涕而摘掉鼻夹。

（9）在未到达安全可靠的新鲜风流以前，严禁以任何理由摘下鼻夹和口具。

（10）下井时自救器应当随身携带，不能乱扔乱放，也不准井下集中存放。要注意爱护保管好自救器。发现自救器出现异常现象时不能擅自打开修复，应当及时交给矿井自救器的专管人员进行检查和维护。

二、化学氧自救器及其使用方法

化学氧自救器是利用化学药品和人体呼出气体中的水汽和二氧化碳相结合，经生氧反应装置产生氧气的个人呼吸救护装置。当煤矿井下发生火灾或瓦斯、煤尘爆炸事故时，化学氧自救器自身产生氧气供佩戴者呼吸，所以，它不受外界空气条件的限制。

化学氧自救器适用于煤矿发生各种灾害事故时逃生及互救，以及进入近距离灾区内进行短时间的救护工作。

1. 化学氧自救器主要用途

（1）当井下发生火灾、瓦斯或煤尘爆炸、煤与瓦斯突出等灾害事故时，只要是现场作业人员未受到事故的直接伤害，都可以佩戴化学氧自救器逃生脱险。

（2）发生事故时，现场作业人员可以佩戴它进行互救，或者可以进入近距离灾区内进行短时间的救护工作。

（3）被围堵在冒顶区和水淹区的作业人员，可以佩戴它静坐待救（一般可维持 $1\sim3$ h），以防止因瓦斯渗入、氧气不足而中毒窒息或死亡。

（4）矿山救护队员在灾区抢险救灾时，如果呼吸器发生故障，换上它可以安全撤离灾区。

2. 化学氧自救器的型号和主要技术指标

（1）型号含义。

例如，AZH—40 型化学氧自救器。其型号含义如下：

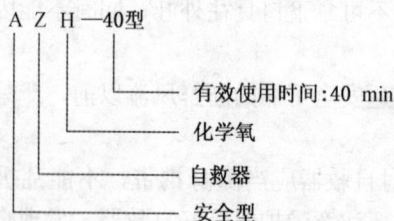

```
A Z H—40型
         └── 有效使用时间:40 min
      └───── 化学氧
   └──────── 自救器
└─────────── 安全型
```

（2）AZH—40 型化学氧自救器主要技术指标。

① 有效使用时间：撤离灾区（中等劳动强度条件下，30 L/min）时为 40 min；静坐时为 160 min。

② 吸入气体成分：CO_2 含量 $\leqslant3\%$，O_2 含量 $\geqslant21\%$。

③ 启动生氧量：30 s 内，$\geqslant2$ L；60 s 内，$\geqslant4$ L。

④ 呼吸阻力：30 L/min 时，$\leqslant1800$ Pa。

⑤ 吸气温度：$\geqslant60$ ℃。

⑥ 扳手开启力：$50\sim120$ N。

⑦ 外形尺寸：167 mm×95 mm×230 mm。

⑧ 整机质量：2.7 kg（佩戴质量为 1.8 kg）。

3. AZH—40 型化学氧自救器结构和工作原理

（1）AZH—40 型化学氧自救器主要由以下两部分组成。

① 保护壳体。保护壳体主要有外壳、封口带、背带和腰带。外壳包括外壳盖和外壳体。外壳盖下口有密封胶圈，外壳盖和外

壳体扣合后，通过封口带上的压紧扳手将密封圈压紧，使之达到密封的目的，以防内部呼吸系统遭受外界不良条件的损害。背带和腰带通过背带环固定在外壳体上，用以携带自救器并将其固定在腰间处防止行走时摆动。

② 呼吸系统。呼吸系统由装有生氧剂的药缸、启动装置、气囊、呼吸导管、口水降温盒、口具、口具塞和鼻夹组成，形成一个往复式的呼吸通道。

(2) AZH—40 型化学氧自救器工作原理。

该自救器的呼吸系统为循环式气路（图 6-3）。其呼吸过程如下：

① 佩戴开始，首先启动氧烛 13，使它快速生氧充满贮气袋组 15，供给佩戴者初期呼吸所需要的耗氧量。然后，戴上口具 21，夹上鼻夹。

② 呼气时，呼出的气体经过口具 21→呼吸软管 20→呼吸阀 18→贮气袋组 15 中呼气软导管 19→经呼气硬导管 10→药罐 1 底部。然后，呼出气流经折转扩散向上。呼气中的水汽与二氧化碳同药罐 1 中的药片 8 反应生成 O_2，氧气再向上流动，经贮气袋组 15 与药罐 1 接口进入贮气袋组储存。

③ 吸气时，在人肺部的负压作用下，贮气袋，15 中的气体经呼吸阀 18 的吸气阀门，再经呼吸软管 20，最后由口具 21 吸入人的肺部，供给佩戴者的呼吸。

④ 当产生的氧气量超过人呼吸需要量时，排气阀就开始排气；当压力降至 100 Pa 时，排气阀自动关闭，保证佩戴者正常呼吸。

4. 化学氧自救器佩戴步骤

(1) 开启扳手先将自救器沿腰带转到右侧腹前，左手托住外壳体下部，右手开启压紧扳手，把封口带拉开并扔掉（图 6-4）。

(2) 打开外壳。用一只手握住外壳体，另一只手把外壳盖用力扯开并扔掉（图 6-5）。当外壳打开时，系在外壳盖里侧的尼龙绳将启动针拔出。这时，葫芦形硫酸瓶被拉破，硫酸与启动块发

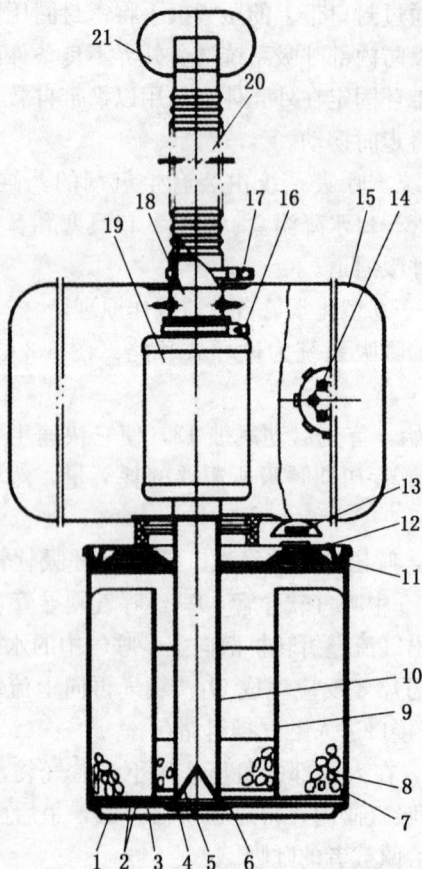

1—生氧药罐外壳；2—下承板组；3—下滤尘垫；4—孔用弹性挡圈；
5—下滤尘网；6—小压圈；7—大压圈；8—生氧药片；9—散热片组；
10—呼气硬导管；11—补偿弹簧；12—药罐上盖组；13—氧烛；
14—排气阀；15—贮气袋组；16—尼龙卡箍A；17—尼龙卡箍B；
18—呼吸阀；19—呼气软导管；20—呼吸软管；21—口具

图6-3　AZH—40型化学氧自救器呼吸系统图

生作用，放出大量氧气，并使气囊逐渐鼓起，此时即可佩戴使
用。若尼龙绳被拉断，气囊未鼓，可以直接拉起启动环。若开始

图 6-4　开启扳手

图 6-5　打开外壳

时气囊鼓起困难，可用嘴往里吹气，使其鼓起。

（3）挎上背带。将呼吸导管一侧贴身，把背带挎在脖子上，并调整好其长度（图 6-6）。

图 6-6 挎上背带

（4）咬住口具拔掉口具塞并立即将口具放入口中，口具片置于唇齿之间，牙齿紧紧咬住牙垫，紧闭嘴唇（图 6-7）。

（5）戴上鼻夹。两手同时抓住鼻夹垫的两个圆柱形把柄，将弹簧拉开，憋住一口气，使鼻夹垫准确地夹住鼻子下半部软处，使佩戴者不能通过鼻孔进出气（图 6-8）。

（6）绑口水盒。将口水降温盒的绑带顺着面部，经过两耳上方系于头后（图 6-9）。

（7）系好腰带。将腰带的一头绕过后腰与另一头接上，并调整好其长度，以防止自救器摆动（图 6-10）。

（8）撤离灾区。

上述（1）～（7）步骤完成后，用手托住外壳体迅速撤离灾区（图 6-11）。若感到吸气不足时，应放慢脚步，做长呼吸，待气量充足时再快步行走。

5. 化学氧自救器使用注意事项

（1）应当注意随时检查自救器外部有无报伤，封印条是否断

图 6-7　咬住口具

图 6-8　戴上鼻夹

开，如外壳有严重的凹坑、裂纹和穿孔等或封印条断开，应停止使用。

（2）应当注意观察漏气指示窗的变化情况，如发现指示窗药

259

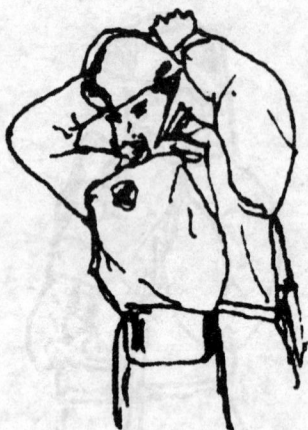

图 6-9　绑口水盒

图 6-10　系好腰带

剂变成了淡红色，则自救器需要进行维护。

（3）如果吸进的气温较高或较干燥，表明自救器内药品的化学反应正常，应坚持佩戴自救器。

图 6-11　撤离灾区

（4）如果初戴时感到吸进的气体中有轻微的盐味或碱味，这是暂时现象，千万不要摘下自救器。

（5）在初次使用时，特别是启动后刚刚生氧，不要用手去压贮气袋，并要注意爱护使用，不使贮气袋被刺破漏气。

（6）万一自救器启动装置不引发生氧，佩戴者可以向贮气袋呼气至贮气袋鼓起，再戴上鼻夹，即可正常行走。

（7）当阻力明显增加，贮气袋中充气不断减少，表示该自救器使用将到终点。

（8）化学氧自救器只能不间断地使用 1 次，之后予以报废，不得再次使用。报废工作由矿有关部门按规定进行，不能随意处置、乱扔乱放，否则可能引发火灾。

（9）携带自救器时，应尽量减少碰撞，严禁将其当坐垫使用（图 6-12）或用其他工具敲砸自救器，特别是内缸。

（10）长期存放自救器的地点，应避免日光照射和热源直接影响，不要与易燃、易爆和有强腐蚀性物质同放一室。存放地点应尽量保持干燥。

图 6-12   自救器不能当坐垫使用

三、压缩氧自救器及其使用方法

压缩氧自救器本身装有高压氧气瓶，佩戴时人员呼吸所需要的氧气由高压氧气瓶供给，所以不受外界空气成分的限制。

如图 6-13 所示，压缩氧自救器适用于有毒气体环境或缺氧环境中的作业人员自救逃生、互救或进行必要的作业时使用，还可作为压风自救系统的配套装备。

1. 压缩氧自救器型号和主要技术指标

(1) 型号含义。

例如：AZY—45 型压缩氧自救器。

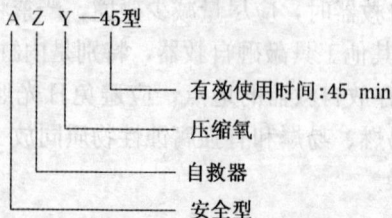

```
        A  Z  Y—45型
        │  │  │    └─── 有效使用时间:45  min
        │  │  └──────── 压缩氧
        │  └─────────── 自救器
        └────────────── 安全型
```

图 6-13 工人携带压缩氧自救器

（2）AZY—45 型压缩氧自救器主要技术指标。

① 有效使用时间：≥45 min（中等劳动强度）。

② 定量供氧量：1.2～1.4 L/min。

③ 自动补给量：≥60 L/min。

④ 自动补给压力：−100～−400 Pa。

⑤ 自动排气压力：150～490 Pa。

⑥ 氧气充气压力：20 MPa。

⑦ 氧气瓶容积：0.4 L。

⑧ 质量：≤3.5 kg。

⑨ 外形尺寸：235 mm×105 mm×270 mm。

2. 压缩氧自救器结构和工作原理

（1）压缩氧自救器结构（图 6-14）。

AZY—45 型压缩氧自救器主要由以下零部件组成：上下外壳 1，氧气瓶 2，减压器 3，氧气袋 10，排气阀 11，清净罐 12，口具与呼吸软管 6，鼻夹 7。

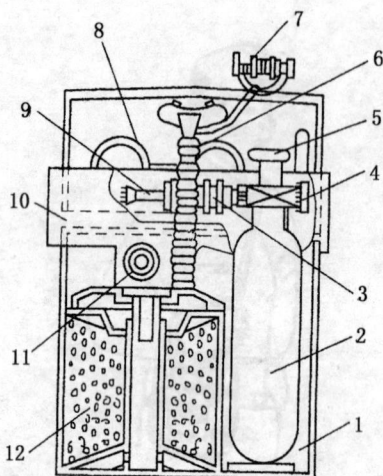

1—外壳；2—氧气瓶；3—减压器；4—压力计；5—氧气瓶开关；
6—口具与呼吸软管；7—鼻夹；8—眼镜；9—自动补给端；
10—氧气袋；11—排气阀；12—清净罐（二氧化碳吸收剂）

图 6-14　AZY—45 型压缩氧自救器结构及工作原理图

（2）压缩氧自救器工作原理（图 6-14）。

佩戴时打开氧气瓶开关 5，这时氧气瓶 2 的高压气体，通过减压器 3 及定量孔以 1.2～1.4 L/min 的流量进入氧气袋 10 中。吸气时，氧气袋 10 中的气体经清净罐 12 过滤二氧化碳后，再经过口具和呼吸导管 6 进入人的肺部；呼气时，呼出的气体经口具和呼吸导管 6 和清净罐 12 过滤二氧化碳后，送入氧气袋 10 中，这样就形成了单管往复式闭路循环呼吸系统。

当氧气袋中呈现负压时，用手动补给大于 60 L/min 的流量快速向氧气袋中补气，以保证人员佩戴时正常地进行呼吸。

3. 压缩氧自救器佩戴步骤图

（1）开启扳手。

将自救器转到右侧腹前，左手托住下壳，右手开启压紧扳手，把封口带拉开并扔掉。

（2）掰开外壳。

两手紧握自救器两端，用力将外壳掰开。打开上盖，然后左手抓住氧气瓶，右手用力向上提上盖，系在上盖里侧的尼龙绳连接的拉环将氧气瓶开关自行打开。扔掉上盖，接着将主机从下壳中取出并扔掉下壳。这时，氧气瓶中放出的氧气将氧气袋鼓起，此时即可佩戴呼吸。在呼吸的同时，按动补给按钮，大约 $1\sim2$ s 时间内将氧气袋充满后立即停止。

（3）套上脖带。

将矿工安全帽取下，套上脖带，再戴上矿帽。

（4）咬住口具。

拔开口具塞并立即将口具放入口中，口具片置于唇齿之间，牙齿紧紧咬住牙垫，紧闭嘴唇。

（5）戴上鼻夹。

两手同时抓住鼻夹垫的两个圆柱形把柄，将弹簧拉开，憋住一口气，使鼻夹垫准确地夹住鼻子下半部软处，佩戴者不能通过鼻孔进出气。

（6）挂上腰钩。

将腰钩挂在腰带上，防止自救器摆动。

（7）撤离灾区。

以上（1）～（6）步骤完成后，用手托住主机迅速撤离灾区。在使用过程中，如发现氧气袋空，供气不足时，要按动手动补给阀，大约 $1\sim2$ s 后将要充满氧气袋时立即停止。

4. 压缩氧自救器使用注意事项

压缩氧自救器的优点是工作性能稳定可靠，操作简单，供气灵敏，佩戴温度低，在每次使用后只需要更换吸收二氧化碳的氢氧化钙吸收剂和重新充装氧气即可重复使用，不受使用年限的限制。自救器出现故障也可以进行修理。但压缩氧自救器价格较贵，所以在使用时要特别加强保管爱护。

（1）压缩氧自救器氧气瓶中装有高压氧气，携带过程中要防止撞击、磕碰或当坐垫使用，更不能用锤子砸自救器。注意防止刺破氧气袋。

(2) 携带过程中严禁开启扳手，以免打开外壳，防止事故时佩戴无氧气供给。

(3) 佩戴时不要说话，必要时用手势联系。在佩戴时吸入气温较高是正常现象，必须坚持佩戴。

(4) 在携带过程中应经常检查自救器结构的完整性和完好性，一旦发现问题，立即维修，否则不能携带下井。胶制零部件发生变形、龟裂或损坏，应及时更换，在保存条件较好的情况下，呼吸软管可每 5 年更换一次。

(5) 井下使用的压缩氧自救器要定期和随时检查氧气压力。如发现压力指示值小于 18 MPa（20 ℃时），应停止使用，并进行维修和重新充氧。

(6) 自救器应定期进行性能检查，并将检查结果做好记录并保存备查。自救器氧气瓶每 3 年进行一次耐压试验。

(7) 自救器使用环境低于 0 ℃时，中断使用后不允许继续使用。

(8) 自救器在使用、存放时，均不得与油污、腐蚀性物质接触，不能与易燃、易爆品一起存放。

(9) 不允许用自救器代替工作型氧气呼吸器，从事与自救器不相符的工作。

(10) 每次佩用后，都要重新充氧和更换 CO_2 吸收剂 $Ca(OH)_2$，换吸收剂前要将氧气袋、呼吸软管、口具、口具塞等彻底清洗消毒，晾干后再进行行组装，并用食用淀粉涂在氧气袋上。清洗剂最好是中性的。

第五节　现场急救

现场急救的任务，主要是维持伤员的生命，稳定伤情，防止继发性损伤并应迅速送往医院进行救治。

一、现场急救的程序

（一）观察

首先观察现场环境，观察灾难现场的稳定性、范围、人数及可用作庇护的场地，确定伤员及救援者是否会有进一步的危险出现，如有应马上脱离危险地区或消除造成危险的因素，确保自己和伤者的安全。非必要时不可任意移动伤员，尽量和旁人协同工作，迅速、镇静地对伤员进行详细检查，并根据伤情做出是否向专职医生求救的决定。在对伤员进行检查时，当发现是大出血、严重休克、呼吸和心跳骤停等伤情时要立即施行急救直到医生到达。如非严重伤情，待详查结束后，再根据伤员伤情进行止血、包扎及固定，最后送往医院。

（二）呼救

（1）遇到以下各种意外伤害或突发疾病，并在现场对受害者进行初步检查后，立即向井口调度室呼救。① 各种急性疾病，如突然晕倒、昏迷、休克等；② 遇到突然、意外灾害，如爆炸、火灾、触电、塌方、溺水和气体中毒等情况。

（2）呼救内容。① 报告发生了什么意外（急病、意外事故）。② 如果突发疾病，报告病人症状及姓名、年龄、性别，还有患病人数。③ 如遇意外事故，要力争准确报告伤亡人数和基本情况、事故发生地点。④ 准确报告病人或伤员的详细地点（必要时可说明现场的位置，最好说明在现场周围附近有何明显标志）。⑤ 要求接听者将内容复述一遍，确保内容无错漏，等待双方确认即可挂机。

二、人员伤情分类及现场急救的原则

（一）伤情分类

在现场进行伤情分类时，可根据受伤程度将伤员分为轻、重、危三类。

（1）轻伤，是指仅有局部组织的擦伤、挫伤或皮下血肿等轻微损伤和股体远端单一骨折。

（2）重伤，是指有多发性骨折、内脏损伤、大面积或特殊部位的烧伤，严重挤压伤等。

（3）危重伤，包括各部位大出血、内出血、重度脑外伤引起的深昏迷、严重休克、呼吸和心跳骤停等。

（二）急救原则

现场急救原则：先抢后救，先急后缓，先重后轻，边救边送，严密观察。

（1）先抢后救。对于在现场环境比较危险的伤员要先将伤员脱离危险区再实施救护。

（2）先急后缓。在抢救多处受伤的伤员时，要先处置紧急伤，后处置缓慢伤。

（3）先重后轻。多名伤员受伤时，应先抢救重伤员，后抢救轻伤员。

（4）边救边送，严密观察。对于伤情已经稳定的伤员要有医生的护送，护送时严密观察，发现异常立即抢救。

三、创伤急救的操作方法

创伤急救操作方法包括人工呼吸、心脏复苏、止血、创伤包扎、骨折临时固定和伤工搬运等。

（一）人工呼吸

人工呼吸适用于触电休克、溺水、有害气体中毒窒息或外伤窒息等引起的呼吸停止、假死状态者。短时间内停止呼吸者都能用人工呼吸方法进行抢救。

人工呼吸主要有口对口吹气法、仰卧压胸法、俯卧压背法和举臂压胸法四种。其中口对口吹气法即急救者的口对着伤工的口，向伤工的肺里吹气方法，是效果最好、操作最简单、应用最普遍的一种人工呼吸方法（图6-15）。

（二）心脏复苏

1. 心前区叩击法

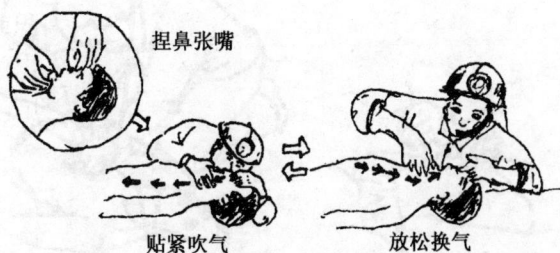

捏鼻张嘴

贴紧吹气　　　放松换气

图 6-15　口对口吹气法

在心脏停搏后 90 s 内，心脏的应激性是增强的，叩击心前区往往可以使心脏恢复跳动（图 6-16）。

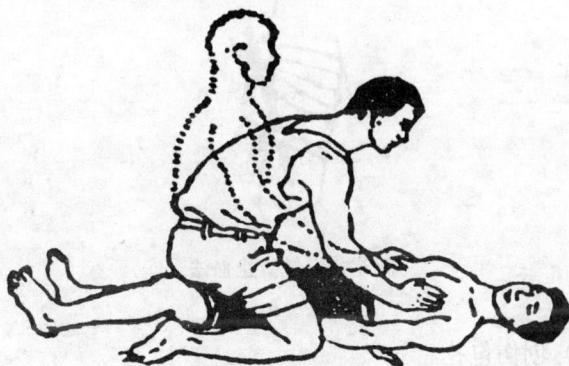

图 6-16　仰卧压胸人工呼吸法

2. 胸外心脏按压术

此法适用于各种原因造成的心跳骤停者，操作简单，效果明显，随时随地都可采用，所以应用范围较广（图 6-17）。

（三）止血法

常用的暂时性止血方法主要有手压止血法、加压包扎止血法、加垫屈肢止血法、绞紧止血法（图 6-18）和止血带止血法（图 6-19）等。

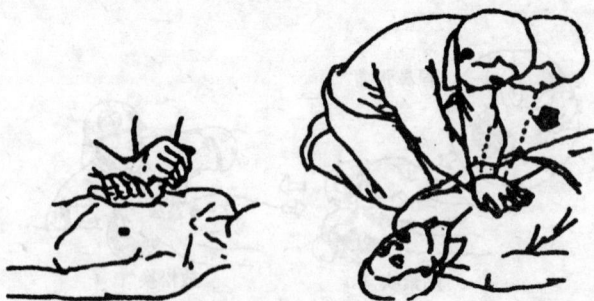

图 6-17　胸外心脏按压法

图 6-18　绞紧止血法

（四）创伤包扎

创伤包扎具有保护伤口和创面，减少感染、减轻伤工疼痛，固定敷料、夹板位置，止血和托扶伤体以及防止继发损伤的作用。

包扎可使用绷带、三角巾、毛巾、手帕、衣片等材料。

绷带包扎法有环形法、螺旋法、螺旋反折法和"8 字法等。

三角巾包扎法有面部包扎法、头部包扎法、肩部包扎法、胸（背）部包扎法、腹部包扎法和手足包扎法等。

毛巾包扎法有头部包扎法、面部包扎法、下颌包扎法、肩部包扎法、胸（背）部包扎法、腹（臀）部包扎法、膝部包扎法、

图 6-19　止血带止血法

前臂（小腿）包扎法和四头带包扎法（图 6-20）。

a. 额部包扎法；b. 后头部包扎法；c. 眼部包扎法；
d. 下颌包扎法；e. 鼻子包扎法

图 6-20　四头带包扎法

（五）骨折的临时固定

临时固定骨折的材料主要有夹板和敷料。夹板有木质的和金属的，在作业现场可就地取材，利用木板、木柱、竹笆等临时制成。敷料用做垫子的棉花、纱布、衣服布片以及固定夹板用的三角巾、绷带、布条和小绳等。在不用夹板固定时，也可采用伤工身上衣物进行临时固定。

骨折的临时固定方法主要有前臂骨折、上臂骨折、小腿骨折、大腿骨折、锁骨骨折和肋骨骨折的临时固定方法。

臂部骨折临时固定方法如图 6-21 所示。

腿部骨折临时固定方法如图 6-22 所示。

a. 上臂骨析夹板固定法；b. 上臂骨折三角巾固定法；c. 前臂骨折固定法

图 6-21　臂部骨折临时固定方法

a. 大腿骨折夹板固定法；b. 小腿骨折自身健肢固定法

图 6-22　腿部骨折临时固定方法

（六）伤员搬运

1. 伤员的搬运方法

井下现场伤员的搬运主要有徒手搬运法和担架搬运法两种。

（1）徒手搬运法。

①单人徒手搬运法。

a. 扶持法。对于受伤不严重的伤工，急救者可以扶持着他走出。

b. 背负法。急救者背向伤工，让伤工伏在背上，双手绕颈交叉下垂，急救者用双手抱住伤工大腿。如果巷道太低或伤工本人因伤不能站立，急救者可躺于伤工一侧，一手紧握其肩，另一手抱其腿用力翻身，使其伏到急救者背上，而后慢慢爬行或站立行走。

c. 肩负法。把伤工扛在右肩上，急救者右手抱住伤工的双腿与右手。

d. 抱持法。把伤工抱起，急救者右手扶住其背，左手托住其大腿。

② 双人徒手搬运法。

a. 双人抬坐法。两名急救者将手搭成"井"字形并握紧，让伤工坐在上面，伤工的双手扶住急救者的肩部。

b. 双人抱托法。急救者一人抱住伤工的肩部和腰部，另一人托住其臀部及腿部。

（2）担架搬运法。

对重伤工一定要用担架搬运。若现场没有专门的医用担架，可就地取材，用木板、竹笆、衣服、绳子、毛毯、木棍、风筒布、塑料网及刮板输送机溜槽等临时制成简易担架。

在向担架上抬放伤工时，首先把担架平放在伤工一侧，两名急救者跪在伤工另一侧，其中一人抱住伤工的颈部和下背部，另一人抱住伤工的臀部和大腿，平稳地把伤工托起，轻轻地放在担架上。

如果伤工伤情很重，可由 3 名急救者抬放到担架上，这时一人抱其上背部和颈部，一人抱其臀部和大腿，一人托住腰和后背，动作一致而平稳地把伤工托起放在担架上。

2. 搬运伤工注意事项

（1）在搬运前，一定要进行伤情检查和初步的急救处理，以保证伤工转运途中的安全。

（2）要根据伤情和当地具体情况，选择适当的搬运方法。

（3）用担架抬运伤工时，应使其脚在前、头在后。这样可以使后面的抬送人员随时看清其面部表情，如发现异常情况，能及时停下来进行抢救。

（4）搬运过程中，动作要轻，脚步要稳，步伐一定要迅速而一致，要避免摇晃和振动，更不能跌倒。

（5）沿斜巷往上搬运时，应头在前、脚在后，担架尽量保持前低后高，以保持担架平稳，使伤工舒适；沿斜巷往下搬运时则反之。

（6）在抬运转送伤工过程中，一定要为伤工盖好毯子或衣服，使其身体保暖，防止受寒受冻。

（7）将伤工抬运到矿井大巷后，如有专用车辆转送，一定要把担架平稳地放在车上并固定，或急救者始终用手扶住担架，车辆行驶速度不宜太快，以免颠簸。

（8）抬送伤工时，急救者一定要始终保持沉着镇静，不论发生什么情况，都不可惊慌失措。将伤工搬运到井上后，应向接管医生详细介绍受伤情况及检查、抢救经过。

3. 危重伤工搬运时注意事项

（1）对呼吸、心跳骤停及体克昏迷的伤工应先及时复苏后再搬运。大出血的伤工一定要先止血、后搬运。

（2）对昏迷或有窒息症状的伤工，要把其肩部稍垫高，使头部后仰，面部偏向一侧或采取侧卧位和偏卧位，以防胃内呕吐物或舌头后坠堵塞气管而造成窒息。

（3）对脊柱损伤的伤工，要严禁让其坐起、站立和行走，也不能用一人抬头、一人抱腿或人背肩扛的方法搬运，应使用硬板担架运送。

（4）对颈椎损伤的伤工，搬运时要有一人抱其头部，轻轻地向水平方向牵引，并且固定在中立位仰卧，不使颈椎弯曲，严禁左右转动。担架应用硬木板，肩下应垫软枕或衣物，注意颈下不可垫任何东西，头部两侧固定，切忌抬头。如果伤工的头与颈已处于歪曲不正状态，不可勉强扶正。

（5）对胸、腰椎损伤的伤工，要把担架放在其身边，由专人照顾伤处，另2～3人在保持脊柱伸直情况下用力轻轻将其推滚到担架上，推动时用力大小、快慢要保持一致。伤工在硬板担架上仰卧，受伤部位垫上薄垫或衣物，严禁坐起或肩背式搬运。

（6）对颅脑损伤的伤工，在搬运途中要用垫子或衣服将头部垫好，设法减少颠簸，注意维持呼吸道通畅。

（7）对腹部损伤的伤工，搬运时应将其仰卧于担架上，膝下垫衣物，使腿屈曲，防止因腹压增高而加重腹痛和内脏膨出。

（8）对骨盆损伤的伤工，搬运时应仰卧在担架上，双膝下垫衣物，使腿屈曲，以减少骨盆疼痛。

四、井下各种灾害事故的现场急救

（一）井下长期被困人员的现场急救

（1）禁止用矿灯直接照射眼睛，在搬运升井过程中，应用毛巾、衣服或纸片等将其眼睛蒙住，否则可能造成失明。

（2）对于长期被困人员，不应立即升井，应将其放在井口附近的安全地点，并注意保暖，待其体温、脉搏、呼吸、血压稍有好转、情绪稳定后，方可升井。

（3）不能进硬食，更不能暴饮暴食，应吃一些稀软易消化的食物，且少吃多餐，以使胃肠功能逐渐恢复。

（二）冒顶埋压受伤人员的现场急救

（1）如果受伤人员有外伤，要将其抬到安全地点后，尽快脱掉或撕开衣服，先止血，再缠上绷带。包扎时，如果伤口有煤渣，不要用水洗，避免手直接接触伤口，更不可用脏布包扎。

（2）如果伤工有骨折情况，应用夹板固定，受挤压的肢体不允许按摩、热敷或上止血带，条件允许时可吃点止痛药和消炎药，但注意头部和腹部受伤时不可服药和喝开水，以防误诊。

（3）如果伤工呼吸困难或呼吸已经停止，要立即进行人工呼吸抢救；若心脏也已经停止跳动，应进行心脏按压，促使其恢复心跳。

（三）中毒或窒息伤工的现场急救

（1）迅速把伤工搬运到新鲜风流和支架完好的地点。在搬运途中，如仍受到有害气体威胁，急救者和伤工都要佩戴好自救器。

（2）尽快将伤工口、鼻内妨碍呼吸的黏液、血块、碎煤、矸石等杂物除去并将其上衣、腰带解开，脱掉胶鞋，同时对其进行保暖，用棉被、毯子或衣服盖住身体，以免受寒。

（3）伤工如果呼吸微弱或已停止，应采取人工呼吸，如果心脏停止跳动应采取胸外心脏按压或者两种方法同时进行，以恢复其呼吸和心跳。

（四）烧伤伤工的现场急救

（1）灭。采取各种有效措施扑灭现场火灾和伤工身上的火，使伤工尽快脱离火源，尽量缩短烧伤时间。为减少创面的损伤，对伤工已灭火的衣服可以不脱或剪开去除，对已灭火而未脱去的衣服要仔细检查。

（2）查。检查全身状况和有无合并损伤。对受爆炸冲击被烧伤的，应先检查其有无颅脑损伤、胸腹腔内脏损伤和呼吸道烧伤。

（3）防。防休克、防窒息和防创面污染。

（4）包。用较干净的衣服把伤面包起来，避免再次污染。在井下现场一般不对创面进行处理，尽量不弄破水泡，保护表皮。

（5）送。迅速离开现场，送往医院抢救治疗。

（五）溺水人员的现场急救

（1）捞人。首先把溺水者从水中救出来，之后立即转送到比较温暖和空气流通的安全地点，松开腰带，脱掉湿衣，盖上干衣，避免受寒。

（2）检查。以最快速度检查溺水人员的口鼻。撬开嘴，清除堵塞在嘴、鼻里的泥沙、煤矸石，并把舌头拉出，使其呼吸道畅通。

（3）控水。将溺水人员俯卧，用枕头、衣服等垫在肚子下面；或者急救者半跪，将其腹部放在急救者的大腿上或膝盖上，头部下垂，并不断压其背部；或者抱其腰部，使其臀部向上，头部下垂；或煮用肩扛其腹部，快步奔跑或不断上下耸肩……通过以上方法使其肚子里的积水从气管、口腔中流出。

（4）人工呼吸。若溺水人员已停止呼吸，要进行人工呼吸。还要注意进行合并伤的急救处理，如止血、包扎和骨折临时固定等。

(六) 触电人员的现场急救

(1) 立即切断电源，不要让电流再从伤工身上通过。

(2) 触电者脱离电源后，要将其抬到新鲜风流中，根据不同情况立即进行抢救。对呼吸停止的，立即进行人工呼吸；对呼吸、心跳均已停止的，立即进行人工呼吸和胸外心脏按压。

(3) 局部电击伤的伤口应进行早期清创处理，创面宜暴露，不可包扎，以防组织腐烂、感染。要保持伤口干燥，不可用水清洗创面。

(4) 抢救触电人员动作要迅速，急救者不要在未脱离电源时直接触及触电人员或电线，更不能用手去拉触电人员脱离电源，以防自己触电。

第六节　煤矿安全避险"六大系统"

煤矿安全避险"六大系统"指的是安全监控系统、井下人员定位系统、紧急避险系统、压风自救系统、供水施救系统和通信联络系统。安全避险"六大系统"建设是提高煤矿应急救援能力和灾害处置能力、保障矿井人员生命安全的重要手段，是全面提升煤矿安全保障能力的技术保障体系。

一、煤矿安全监测监控系统

煤矿安全监控系统用来监测甲烷浓度、一氧化碳浓度、二氧化碳浓度、氧气浓度、风速、风压、温度、烟雾、馈电状态、风门状态、风筒状态、局部通风机开停、主通风机开停等，并实现甲烷超限声光报警、断电和甲烷风电闭锁控制等。

(1) 建设完善安全监控系统，实现对煤矿井下瓦斯、一氧化碳浓度、温度、风速等的动态监控，为煤矿安全管理提供决策依据。

(2) 要加强系统设备维护，定期进行调试、校正，及时升级、拓展系统功能和监控范围，确保设备性能完好、系统灵敏可靠。

（3）要健全完善规章制度和事故应急预案，明确值班、带班人员责任，矿井监测监控系统中心站实行 24 小时值班制度；当系统发出报警、断电、馈电异常信息时，能够迅速采取断电、撤人、停工等应急处置措施，充分发挥其安全避险的预警作用。

二、井下人员定位系统

井下人员定位系统为地面调度控制中心提供准确、实时的井下作业人员身份信息、工作位置、工作轨迹、等相关管理数据，实现对井下工作人员的可视化管理，提高煤矿开采生产管理的水平。矿井灾变后，通过系统查询、确定被困作业人员构成、人员数量、事故发生时所处位置等信息，确保抢险救灾和安全救护工作的高效运作。

（1）建设完善井下人员定位系统，并做好系统维护和升级改造工作，保障系统安全可靠运行。

（2）所有入井人员必须携带识别卡（或具备定位功能的无线通讯设备），确保能够实时掌握井下各个作业区域人员的动态分布及变化情况。

（3）要进一步建立健全制度，发挥人员定位系统在定员管理和应急救援中的作用。

三、煤矿井下紧急避险系统

煤矿井下紧急避险系统是指在煤矿井下发生紧急情况下，为遇险人员安全避险提供生命保障的设施、设备、措施组成的有机整体。紧急避险系统建设的内容包括为入井人员提供自救器、建设井下紧急避险设施、合理设置避灾路线、科学制定应急预案等。

所有井工煤矿应按照规定要求建设完善煤矿井下紧急避险系统，并符合"系统可靠、设施完善、管理到位、运转有效"的要求。2012 年 6 月底前，所有煤（岩）与瓦斯（二氧化碳）突出矿井，中央企业所属煤矿和国有重点煤矿中的高瓦斯、开采容易自燃煤层的矿井，要完成紧急避险系统的建设完善工作。2013 年 6 月底前，其他所有煤矿要完成紧急避险系统的建设完善工作。

（一）煤矿井下三级避险系统

（1）利用个体防护设备，灾后人员迅速撤离灾害影响范围，到达安全避险地点；所有煤矿应为入井人员配备额定防护时间不低于 30 min 的自救器，入井人员应随身携带自救器。煤与瓦斯突出矿井必须配备隔绝式自救器。

（2）在工作面附近设立可移动式救生舱或临时避难硐室，提供氧气、饮用水、一定数量食品，使逃生人员就近快速进入安全避险环境。临时避难硐室是指设置在采掘区域或采区避灾路线上，主要服务于采掘工作面及其附近区域，服务年限一般不大于 5 年的避难硐室。

（3）在采区上下山附近或井底车场建设永久避难硐室（所），持续供氧、饮用水、食品，为采区或矿井避险人员提供避难空间。永久避难硐室（所）是指设置在井底车场、水平大巷、采区（盘区）避灾路线上，服务于整个矿井、水平或采区，服务年限一般不低于 5 年的避难硐室。

（二）井下紧急避险设施作用

井下紧急避险设施是指在井下发生灾害事故时，为无法及时撤离的遇险人员提供生命保障的密闭空间。该设施对外能够抵御高温烟气，隔绝有毒有害气体，对内能够提供氧气、食物、水，去除有毒有害气体，创造生存基本条件，为应急救援创造条件、赢得时间。井下紧急避险设施在无任何外界支持的情况下额定防护时间不低于 96 h。紧急避险设施主要包括永久避难硐室、临时避难硐室、可移动式救生舱。

（1）永久避难硐室是指设置在井底车场、水平大巷、采区（盘区）避灾路线上，具有紧急避险功能的井下专用巷道硐室，服务于整个矿井、水平或采区，服务年限一般不低于5年。

（2）临时避难硐室是指设置在采掘区域或采区避灾路线上，具有紧急避险功能的井下专用巷道硐室，主要服务于采掘工作面及其附近区域，服务年限一般不大于5年。

（3）可移动式救生舱是指可通过牵引、吊装等方式实现移动，适应井下采掘作业地点变化要求的避险设施。

（三）可移动式救生舱作用和种类

在井下发生灾变事故时，为遇险矿工提供应急避险空间和生存条件，并可通过牵引、吊装等方式实现移动，适应井下采掘作业要求的避险设施。根据舱体材质，可分为硬体式救生舱和软体式救生舱。硬体式救生舱采用钢铁等硬质材料制成；软体式救生舱采用阻燃、耐高温帆布等软质材料制造，依靠快速自动充气膨胀架设。

（四）井下紧急避险设施的建设

所有煤与瓦斯突出矿井都应建设井下紧急避险设施。其他矿井在突发紧急情况时，凡井下人员在自救器额定防护时间内靠步行不能安全撤至地面的，应建设井下紧急避险设施。

煤与瓦斯突出矿井应建设采区避难硐室。突出煤层的掘进巷道长度及采煤工作面推进长度超过500 m时，应在距离工作面500 m范围内建设临时避难硐室或设置可移动式救生舱。其他矿井应在距离采掘工作面1 000 m范围内建设避难硐室或设置可移动式救生舱。

应综合考虑所服务区域的特征和巷道布置、可能发生的灾害类型及特点、人员分布等因素，以满足突发紧急情况下所服务区域人员紧急避险需要为原则，优先采用避难硐室，也可采用避难硐室与可移动式救生舱有机结合的方式。

（五）井下紧急避险系统的培训与应急演练

（1）煤矿企业应将了解紧急避险系统、正确使用紧急避险设施作为入井人员安全培训的重要内容，确保所有入井人员熟悉井下紧急避险系统，掌握紧急避险设施的使用方法，具备安全避险基本知识。

（2）对紧急避险系统进行调整后，应及时对相关区域的入井人员进行再培训，确保所有入井人员准确掌握紧急避险系统的实际状况。

（3）煤矿应当每年开展一次紧急避险应急演练，建立应急演练档案。

（4）要赋予企业生产现场带班人员、班组长和调度人员在遇到险情时第一时间下达停产撤人命令的直接决策权和指挥权。

四、矿井压风自救系统

（1）煤矿企业必须在按照《煤矿安全规程》要求建立压风系统的基础上，按照所有采掘作业地点在灾变期间能够提供压风供气的要求，进一步建设完善压风自救系统。

（2）空气压缩机应设置在地面；深部多水平开采的矿井，空气压缩机安装在地面难以保证对井下作业点有效供风时，可在其供风水平以上两个水平的进风井井底车场安全可靠的位置安装，但不得使用滑片式空气压缩机。

（3）井下压风管路要采取保护措施，防止灾变破坏。

（4）突出矿井的采掘工作面要按照要求设置压风自救装置。其他矿井掘进工作面要安设压风管路，并设置供气阀门。

五、矿井供水施救系统

（1）煤矿企业必须按照《煤矿安全规程》的要求，建设完善的防尘供水系统。

（2）除按照《煤矿安全规程》要求设置三通及阀门外，还要在所有采掘工作面和其他人员较集中的地点设置供水阀门，保证各采掘作业地点在灾变期间能够实现提供应急供水的要求。

（3）要加强供水管路维护，不得出现跑、冒、滴、漏现象，保证阀门开关灵活。

六、矿井通信联络系统

（1）煤矿企业必须按照《煤矿安全规程》的要求，建设井下通信系统，并按照在灾变期间能够及时通知人员撤离和实现与避险人员通话的要求，进一步建设和完善通信联络系统。

（2）在主副井绞车房、井底车场、运输调度室、采区变电所、水泵房等主要机电设备硐室和采掘工作面以及采区、水平最高点，应安设电话。

（3）井下避难硐室（救生舱）、井下主要水泵房、井下中央变电所和突出煤层采掘工作面、爆破时撤离人员集中地点等，必须设有直通矿调度室的电话。

（4）要积极推广使用井下无线通讯系统、井下广播系统。发生险情时，要及时通知井下人员撤离。

【案例】某矿业有限公司被水淹。经过全力抢救，被水围困的人员 79 h 后全部安全上井。在整个抢救过程中，供水管路、压风管路和电话成了被困矿工的三条生命保障线。

（1）成功输送氧气。

被水围困后，矿工使用工具将防灭尘水管的封填口卸掉，以便多通点空气。但是由于井下被困人员较多、空间狭小，氧气含量正在逐渐减少，人员面临着缺氧窒息的危险。7 月 29 日晚7：00后井下矿工感到呼吸困难。抢险救援指挥部决定往井下输送医用氧。晚上 8 点切开压风管，接上了三通管开始对井下输氧。6 m³ 一瓶的氧，8～10 min 输完，不到 10 min，井下矿工反映"感觉好多了"。根据井下反应，井下输氧又调整到 10～15 min 一瓶，最后 20 min 一瓶，共使用了 195 瓶医用氧气，解决了被水围困现场人员的呼吸问题。

（2）成功输送食物。

至 7 月 30 日，矿工们已经整整一天没吃饭，他们感觉很饿。抢险救援指挥部决定往井下送牛奶。首先送水 8～10 min 清洗管道，然后使用一英寸微型泵，分三次往井下输送了 575 kg 牛奶。

8月1日凌晨，井下被困矿工反映"平时没喝过牛奶，喝下去后有的闹肚子，要求换换口味"，又决定改送面汤。8月1日6：00通过压风管道向井下被困人员输送面汤60 kg。成功输送牛奶和面汤，使矿工体力得到了补充，情绪进一步稳定。

（3）电话联系井上下。

没能及时逃生的69名矿工被迫撤到最后的高地后，想通知井上，但电话不通。

7月29日11：00左右，通往井上的电话通了，他们立即向井上汇报了灾害发生和避难情况。

在69名矿工被困在井下时，各级领导和家属通过电话与他们进行沟通，帮助他们确立妥善避灾、积极自救、坚定信念、成功脱险的心理。

附录一　煤矿安全培训规定

《煤矿安全培训规定》已经 2012 年 5 月 3 日国家安全生产监督管理总局局长办公会议审议通过，现予公布，自 2012 年 7 月 1 日起施行。

煤矿安全培训规定

第一章　总　则

第一条　为了加强和规范煤矿安全培训工作，提高从业人员安全素质，防止和减少伤亡事故，根据《中华人民共和国安全生产法》等有关法律、行政法规，制定本规定。

第二条　煤矿企业从业人员的安全培训、考核、发证、复审及监督管理工作，适用本规定；《安全生产培训管理办法》已有规定的，依照其规定。

煤矿特种作业人员的安全培训、考核、发证、复审及监督管理工作，适用《特种作业人员安全技术培训考核管理规定》。

第三条　本规定所称的煤矿企业主要负责人，是指煤矿股份有限公司、有限责任公司及所属子公司、分公司的董事长、总经理，矿务局局长，煤矿矿长等人员。

第四条　本规定所称的煤矿企业安全生产管理人员，是指煤矿企业分管安全生产工作的副董事长、副总经理、副局长、副矿长、总工程师、副总工程师或者技术负责人，安全生产管理机构负责人及管理人员，生产、技术、通风、机电、运输、地测、调度等职能部门（含煤矿井、区、科、队）的负责人。

第五条　煤矿安全培训工作实行"归口管理、分级实施、统一标准、教考分离"的原则。

国家煤矿安全监察局负责指导和管理全国煤矿企业主要负责人、安全生产管理人员安全资格证，矿长资格证和特种作业人员操作证的培训、考核和发证工作，组织制定煤矿安全培训大纲和考核标准，建立考试题库。

省级煤矿安全监察机构、省（自治区、直辖市）人民政府（以下简称省级人民政府）负责煤矿安全培训的部门根据职责分工，指导、管理本行政区域内煤矿企业有关资格证的培训、考核和发证工作，实施省属煤矿企业、所辖行政区域内中央企业煤矿子公司、分公司及其所属矿井主要负责人和安全生产管理人员的安全培训、考核和发证工作，以及煤矿矿长资格的培训、考核和发证工作。

第六条　煤矿企业主要负责人、安全生产管理人员安全资格证、矿长资格证在全国范围内有效。

第七条　煤矿企业应当建立完善安全培训管理制度，配备专职或者兼职安全培训管理人员，按照国家规定的比例提取教育培训经费。其中，用于安全培训的资金不得低于教育培训经费总额的40％。

第八条　国家鼓励煤矿企业变招工为招生。煤矿企业新招井下从业人员，优先录用技工学校或者中专学校煤矿相关专业的毕业生。

第九条　负责煤矿安全培训的机构（以下简称安全培训机构）应当依法取得相应资质，建立健全安全培训工作制度和培训档案，落实安全培训计划，聘请经考核合格的专职教师依照国家统一的煤矿安全培训大纲进行培训。

第二章　从业人员准入条件

第十条　煤矿从业人员应当符合下列基本条件：

（一）身体健康，无职业禁忌症；

（二）年满 18 周岁且不超过国家法定退休年龄；

（三）具有初中及以上文化程度；

（四）法律、行政法规规定的其他条件。

第十一条　生产能力或者核定能力每年 30 万吨及以上煤矿和煤与瓦斯突出煤矿的矿长、副矿长、总工程师、副总工程师或者技术负责人除符合本规定第十条的规定外，还应当具备煤矿相关专业大专及以上学历，具有煤矿相关工作 3 年及以上经历。

生产能力或者核定能力每年 30 万吨以下煤矿的矿长、副矿长、总工程师、副总工程师或者技术负责人除符合本规定第十条的规定外，还应当具备煤矿相关专业中专及以上学历，具有煤矿相关工作 3 年及以上经历。

第十二条　生产能力或者核定能力每年 30 万吨及以上煤矿和煤与瓦斯突出煤矿的安全生产管理机构负责人除符合本规定第十条的规定外，还应当具备煤矿相关专业中专及以上学历，具有煤矿安全生产相关工作 2 年及以上经历。

生产能力或者核定能力每年 30 万吨以下煤矿的安全生产管理机构负责人除符合本规定第十条的规定外，还应当具备高中及以上文化程度，具有煤矿安全生产相关工作 2 年及以上经历。

第十三条　煤矿企业不得安排未经安全培训合格的人员从事生产作业活动。

安全培训机构应当对参加培训人员的基本条件进行审查；符合条件的，方可接受其参加培训。

第三章　安全培训

第十四条　煤矿企业主要负责人、安全生产管理人员应当接受安全资格培训，并经考核合格取得相应安全资格证后，方可任职。煤矿矿长除取得煤矿企业主要负责人安全资格证外，还应当依法接受矿长资格培训，经考核合格取得矿长资格证后，方可任职。矿长资格和安全资格应当合并培训，分别审核发证。

煤矿从事采煤、掘进、机电、运输、通风、地测等工作的班组长应当接受专门的安全培训，经培训合格后，方可任职。

本条前两款规定以外的其他从业人员应当接受与其工作岗位相应的安全培训，经培训合格后，方可上岗作业。

第十五条　中央煤矿企业总公司、集团公司的主要负责人和安全生产管理人员的安全培训，应当由具备一级资质的安全培训机构实施。

本条第一款规定以外的煤矿企业及其所属矿井的主要负责人，省属煤矿企业、中央企业煤矿子公司、分公司及其所属矿井的安全生产管理人员的安全培训，应当由具备二级以上（含本级，下同）资质的安全培训机构实施。

本条前两款规定以外的煤矿企业及其所属矿井的安全生产管理人员，井工煤矿从事采煤、掘进、机电、运输、通风、地测等工作的班组长的安全培训，应当由具备三级以上资质的安全培训机构实施。

本条前三款规定以外的其他煤矿企业从业人员的安全培训，应当由煤矿企业负责实施，或者委托安全培训机构实施。

第十六条　煤矿企业从业人员的安全培训时间应当符合下列规定：

（一）主要负责人、安全生产管理人员安全资格初次培训时间不得少于48学时，每年复训时间不得少于16学时；

（二）煤矿矿长资格和主要负责人安全资格合并培训的，初次培训时间不得少于64学时，每年复训时间不得少于24学时；

（三）从事采煤、掘进、机电、运输、通风、地测等工作的班组长，以及新招入矿的其他从业人员初次安全培训时间不得少于72学时，每年接受再培训的时间不得少于20学时。

第十七条　煤矿从业人员调整工作岗位或者离开本岗位1年

以上（含1年）重新上岗前，应当重新接受安全培训；经培训合格后，方可上岗作业。

煤矿首次采用新工艺、新技术、新材料或者使用新设备的，应当对相关岗位从业人员进行专门的安全培训；经培训合格后，方可上岗作业。

第十八条　取得注册安全工程师执业资格证的煤矿企业主要负责人、安全生产管理人员，免予安全资格初次培训；按规定参加煤矿安全类注册安全工程师经继续教育并延续注册、重新注册的，免予复训。

第十九条　煤矿应当建立井下作业人员实习制度，制定新招入矿的井下作业人员实习大纲和计划，安排有经验的职工带领新招入矿的井下作业人员进行实习。新招入矿的井下作业人员实习满4个月后，方可独立上岗作业。

第四章　考核和发证

第二十条　负责煤矿企业主要负责人、安全生产管理人员安全资格和煤矿矿长资格考核发证的部门（以下统称考核发证部门）应当按照国家统一的考核标准对煤矿企业主要负责人、安全生产管理人员进行考核。

第二十一条　考核发证部门应当使用国家考试题库进行安全技术理论知识计算机考试。考试时，考核发证部门可以派员进行现场监考，也可以通过远程监控系统监考。

考核发证部门应当自考试结束之日起5个工作日内公布考试成绩。

第二十二条　煤矿企业主要负责人、安全生产管理人员考试合格后，由本人或其所服务的煤矿企业向考核发证部门申请办理资格证，也可委托安全培训机构申请办理，并提交下列材料：

（一）身份证、学历证书复印件或者学历证明；

（二）工作经历证明；

（三）社区或者县级以上医疗机构出具的体检健康证明。

煤矿企业安全生产管理人员取得注册安全工程师执业资格证的，凭本人注册安全工程师执业证，并提交本条第一款规定的材料，向考核发证部门申请办理资格证。

第二十三条　考核发证部门应当自收到煤矿企业主要负责人、安全生产管理人员申请材料之日起 5 个工作日内完成审核，作出受理或者不予受理的决定。能够当场作出受理决定的，应当当场作出决定；申请材料不齐全或者不符合要求的，应当当场或者在 5 个工作日内一次告知申请人需要补正的全部材料和内容，逾期不告知的，自收到申请之日起即为受理。

第二十四条　考核发证部门应当自受理之日起 20 个工作日内完成审核工作，并作出是否发证的书面决定；对决定发证的，应当自决定之日起 10 日内向申请人颁发、送达相应的资格证；对决定不发证的，应当说明理由并书面告知申请人。

第二十五条　煤矿企业主要负责人和安全生产管理人员安全资格证、煤矿矿长资格证有效期为 3 年。

第二十六条　煤矿企业主要负责人和安全生产管理人员安全资格证、煤矿矿长资格证有效期届满需要延期的，持证人应当在期满前 60 日内向考核发证部门申请办理延期复审手续。申请延期复审前，应当参加相应复训并考核合格。

第二十七条　持证人申请安全资格证、煤矿矿长资格证延期复审的，应当向考核发证部门提交体检健康证明、身份证复印件和资格证原件。审核合格后，由考核发证部门重新发证。

第二十八条　持证人有下列情形之一的，安全资格证、煤矿矿长资格证延期复审不予通过：

（一）体检不合格的；

（二）未按规定参加复训的；

（三）考核不合格的。

第二十九条　煤矿企业主要负责人、安全生产管理人员安全资格证、煤矿矿长资格证遗失或者损毁的，持证人应当向原考核发证部门提出书面申请，经审查确认后，予以补发或者更换，同时宣告原资格证失效。

持证人所服务的煤矿企业等资格证上记载的信息发生变化的，持证人应当自信息变化之日起 20 日内向原考核发证部门申请变更资格证，并提交有关证明材料。

原考核发证部门应当将信息变更登记的情况在作出变更之日起 20 日内通报持证人所服务的煤矿企业所在地的考核发证部门。

第五章　监督管理

第三十条　考核发证部门应当每 6 个月将煤矿主要负责人、安全生产管理人员安全资格证和煤矿矿长资格证的发放情况在当地主要新闻媒体或者本机关网站上公布，接受社会监督。

考核发证部门应当建立煤矿安全培训举报制度，公布举报电话、电子信箱，依法受理并调查处理举报，并将查处结果书面反馈举报人，但举报人的姓名、名称、住址不清的除外。

第三十一条　煤矿安全监察机构、考核发证部门应当对煤矿企业安全培训的下列情况实施重点监督检查；发现违法行为的，依法给予行政处罚：

（一）建立、完善安全培训管理制度和档案，配备专职或者兼职管理人员的情况；

（二）煤矿企业主要负责人、安全生产管理人员安全培训和持证上岗的情况；

（三）煤矿从业人员安全培训的情况；

（四）首次采用新工艺、新技术、新材料或者使用新设备的，相关岗位从业人员接受专门安全培训的情况；

（五）安全培训经费的提取和使用情况。

第三十二条　煤矿安全监察机构、考核发证部门应当对安全培训机构的下列情况实施重点监督检查：

（一）取得相应培训资质的情况；

（二）按照国家统一的煤矿安全培训大纲组织培训的情况；

（三）专职教师考核合格的情况；

（四）建立完善培训工作制度的情况；

（五）安全培训计划的落实情况；

（六）安全培训档案的建立和管理情况。

第三十三条　考核发证部门发现有下列情形之一的，应当撤销已经颁发的煤矿企业主要负责人和安全生产管理人员安全资格证、矿长资格证：

（一）滥用职权、玩忽职守颁发资格证的；

（二）超越职权颁发资格证的；

（三）违反本规定的准入条件和程序颁发资格证的；

（四）以欺骗、贿赂等不正当手段取得资格证的。

第三十四条　煤矿企业主要负责人、安全生产管理人员有下列情形之一的，考核发证部门应当注销其安全资格证、矿长资格证：

（一）达到法定退休年龄的；

（二）资格证有效期满未延期的；

（三）资格证被依法撤销的；

（四）资格证被依法吊销的；

（五）法律、行政法规规定的其他情形。

考核发证部门应当将注销安全资格证、矿长资格证的情况在当地主要新闻媒体或者本机关网站上发布公告。

第三十五条　考核发证部门应当建立考核发证档案和统计报告制度，每年将培训和考核发证等情况报告国家煤矿安全监察局。

第三十六条　任何单位和个人均不得伪造、变造、买卖资格证，或者使用伪造、变造、买卖的资格证。

第六章　法律责任

第三十七条　考核发证部门向不符合法定条件的煤矿企业主要负责人、安全生产管理人员颁发安全资格证和煤矿矿长资格证的，对主要负责人或者其他直接责任人员，依照有关规定由监察机关或者任免机关按照干部管理权限给予处理；构成犯罪的，依法追究刑事责任。

第三十八条　煤矿企业未建立安全培训管理制度和档案、未配备专职或者兼职安全培训管理人员的，责令限期改正；逾期未改正的，处5000元以上2万元以下的罚款。

第三十九条　安全培训机构有下列行为之一的，责令限期改正，并处5000元以上3万元以下罚款：

（一）未取得相应资质从事安全培训活动的；

（二）未建立安全培训工作制度的；

（三）未按照国家统一的煤矿安全培训大纲实施培训的；

（四）聘用未考核合格的专职教师的；

（五）制作虚假培训档案的。

第四十条　煤矿井下作业人员未进行安全培训的，责令限期改正，并按照下列规定对煤矿处以罚款；逾期未改正的，责令煤矿停产整顿，直至有关作业人员培训合格为止：

（一）第一次发现井下作业人员未进行安全培训的，处10万元以上30万元以下的罚款；

（二）第二次发现井下作业人员未进行安全培训的，处40万元以上50万元以下的罚款。

考核发证部门发现煤矿1个月内3次或者3次以上未依照规定对井下作业人员进行安全培训的，应当提请有关地方人民政府对该煤矿依法予以关闭。

煤矿安全生产管理机构、生产、技术、通风、机电、运输、地测、调度等职能部门的人员在井下从事生产、管理等活动的，视同煤矿井下作业人员。

第四十一条　持证人所服务的煤矿企业等资格证上记载的信息发生变化，持证人未依照本规定向原考核发证部门申请变更的，处200元的罚款。

第四十二条　煤矿发生1起较大生产安全责任事故或者1年内发生2起一般生产安全责任事故的，考核发证部门有权责令负有事故责任的矿长和安全生产管理人员参加复训；经复训考核合格的，方可重新上岗；经复训考核不合格的，应当暂停或者撤销其安全资格证和矿长资格证。

对发生重大、特别重大生产安全责任事故且负有主要责任的煤矿，应当撤销其主要负责人的资格证，且其主要负责人终身不得再取得煤矿企业主要负责人安全资格证、煤矿矿长资格证，也不得再担任任何煤矿的矿长。

第四十三条 伪造、变造、买卖或者使用伪造、变造、买卖的资格证，构成违反治安管理行为的，由公安机关依照治安管理的法律、行政法规的规定处罚；构成犯罪的，依法追究刑事责任。

第四十四条 本规定规定的行政处罚，由煤矿安全监察机构、省级人民政府负责煤矿安全培训的部门按照各自的职责实施，法律、行政法规另有规定的除外。

第七章 附 则

第四十五条 煤矿企业主要负责人、安全生产管理人员培训和考试的收费标准，由省级煤矿安全监察机构、省级人民政府负责煤矿安全培训的部门制定，报同级人民政府物价部门批准后执行。证书工本费列入同级财政预算。

第四十六条 本规定自 2012 年 7 月 1 日起施行。

附录二　国务院安委会关于进一步加强安全培训工作的决定

国务院安委会关于进一步加强安全培训工作的决定

安委〔2012〕10号

各省、自治区、直辖市人民政府，新疆生产建设兵团，国务院安委会各成员单位，各中央企业：

为提高企业从业人员安全素质和安全监管监察效能，防止和减少违章指挥、违规作业和违反劳动纪律（以下简称"三违"）行为，促进全国安全生产形势持续稳定好转，现就进一步加强安全培训工作作出如下决定：

一、加强安全培训工作的重要意义和总体要求

（一）重要意义。党中央、国务院高度重视安全培训工作，安全培训力度不断加大，企业职工安全素质和安全监管监察人员执法能力明显提高。但一些地区和单位安全培训工作仍然存在着思想认识不到位、责任落实不到位、实效性不强、投入不足、基础工作薄弱、执法偏轻偏软等问题，给安全生产带来较大压力。实践表明，进一步加强安全培训工作，是落实党的十八大精神，深入贯彻科学发展观，实施安全发展战略的内在要求；是强化企业安全生产基础建设，提高企业安全管理水平和从业人员安全素质，提升安全监管监察效能的重要途径；是防止"三违"行为，不断降低事故总量，遏制重特大事故发生的源头性、根本性举措。

（二）总体思路。深入贯彻落实科学发展观，认真落实党中

央、国务院关于加强安全生产工作的决策部署，牢固树立"培训不到位是重大安全隐患"的意识，坚持依法培训、按需施教的工作理念，以落实持证上岗和先培训后上岗制度为核心，以落实企业安全培训主体责任、提高企业安全培训质量为着力点，全面加强安全培训基础建设，严格安全培训监察执法和责任追究，扎实推进安全培训内容规范化、方式多样化、管理信息化、方法现代化和监督日常化，努力实施全覆盖、多手段、高质量的安全培训，切实减少"三违"行为，促进全国安全生产形势持续稳定好转。

（三）工作目标。到"十二五"时期末，矿山、建筑施工单位和危险物品生产、经营、储存等高危行业企业（以下简称高危企业）主要负责人、安全管理人员和生产经营单位特种作业人员（以下简称"三项岗位"人员）100％持证上岗，以班组长、新工人、农民工为重点的企业从业人员100％培训合格后上岗，各级安全监管监察人员100％持行政执法证上岗，承担安全培训的教师100％参加知识更新培训，安全培训基础保障能力和安全培训质量得到明显提高。

二、全面落实安全培训工作责任

（四）认真落实企业安全培训主体责任。企业是从业人员安全培训的责任主体，要把安全培训纳入企业发展规划，健全落实以"一把手"负总责、领导班子成员"一岗双责"为主要内容的安全培训责任体系，建立健全机构并配备充足人员，保障经费需求，严格落实"三项岗位"人员持证上岗和从业人员先培训后上岗制度，健全安全培训档案。劳务派遣单位要加强劳务派遣工基本安全知识培训，劳务使用单位要确保劳务派遣工与本企业职工接受同等安全培训。境内投资主体要指导督促境外中资企业依法加强安全培训工作。安全生产技术研发、装备制造单位要与使用单位共同承担新工艺、新技术、新设备、新材料培训责任。

（五）切实履行政府及有关部门安全培训监管和安全监管监察人员培训职责。地方各级政府要统筹指导相关部门加强本地区安全培训工作。有关主管部门要根据有关法律法规，组织实施职责范围内的安全培训工作，完善安全培训法规制度，统一培训大纲、考试标准，加强教材建设，严格管理培训机构，做好证件发放和复审工作，避免多头管理、重复发证；要强化安全培训监督检查，依法严惩不培训就上岗和乱办班、乱收费、乱发证行为；要组织培训安全监管监察人员。要将安全生产知识作为领导干部培训、义务教育、职业教育、职业技能培训等的重要内容。要减少对培训班的直接参与，由办培训向管培训、管考试、监督培训转变。

（六）强化承担安全培训和考试的机构培训质量保障责任。承担安全培训的机构是安全培训施教主体，担负保证安全培训质量的主要责任，要健全落实安全培训质量控制制度，严格按培训大纲培训，严格学员、培训档案和培训收费管理，加强师资队伍建设和资金投入，持续改善培训条件。承担安全培训考试的机构要严格教考分离制度，健全考务管理体系，建立考试档案，切实做到考试不合格不发证。

三、全面落实持证上岗和先培训后上岗制度

（七）实施高危企业从业人员准入制度。有关主管部门要结合实际，制定本行业领域从业人员准入制度。矿山和危险物品生产企业专职安全管理人员要至少具备相关专业中专以上学历或者中级以上专业技术职称、高级工以上技能等级，或者具备注册安全工程师资格。各类特种作业人员要具有初中及以上文化程度，危险化学品特种作业人员要具有高中或者相当于高中及以上文化程度。矿山井下、危险化学品生产单位从业人员要具有初中及以上文化程度。安全生产专业服务机构为企业提供安全技术服务时，要对企业安全培训情况进行审核。高危企业安全生产许可证发放、延期和安全生产标准化考评时，有关主管部门要审核企业安全培训情况。

（八）严格落实"三项岗位"人员持证上岗制度。企业新任用或者招录"三项岗位"人员，要组织其参加安全培训，经考试合格持证后上岗。取得注册安全工程师资格证并经注册的，可以直接申领矿山、危险物品行业主要负责人和安全管理人员安全资格证。对发生人员死亡事故负有责任的企业主要负责人、实际控制人和安全管理人员，要重新参加安全培训考试。要严格证书延期继续教育制度。有关主管部门要按照职责分工，定期开展本行业领域"三项岗位"人员持证上岗情况登记普查，建立信息库。要建立特种作业人员范围修订机制。

（九）严格落实企业职工先培训后上岗制度。矿山、危险物品等高危企业要对新职工进行至少72学时的安全培训，建筑企业要对新职工进行至少32学时的安全培训，每年进行至少20学时的再培训；非高危企业新职工上岗前要经过至少24学时的安全培训，每年进行至少8学时的再培训。企业调整职工岗位或者采用新工艺、新技术、新设备、新材料的，要进行专门的安全培训。矿山和危险物品生产企业逐步实现从职业院校和技工院校相关专业毕业生中录用新职工。政府有关部门要实施"中小企业安全培训援助"工程，推动大型企业和培训机构与中小企业签订培训服务协议；组织讲师团，开展培训下基层进企业活动。

（十）完善和落实师傅带徒弟制度。高危企业新职工安全培训合格后，要在经验丰富的工人师傅带领下，实习至少2个月后方可独立上岗。工人师傅一般应当具备中级工以上技能等级，3年以上相应工作经历，成绩突出，善于"传、帮、带"，没有发生过"三违"行为等条件。要组织签订师徒协议，建立师傅带徒弟激励约束机制。

（十一）严格落实安全监管监察人员持证上岗和继续教育制度。市（地）及以下政府分管安全生产工作的领导同志要在明确分工后半年内参加专题安全培训。各级安全监管监察人员要经执法资格培训考试合格，持有效行政执法证上岗；新上岗人员要在上岗一年内参加执法资格培训考试；执法证有效期满的，要参加延期换证继续教育和考试。鼓励安全监管监察人员报考注册安全工程师等职业资格，在职攻读安全生产相关专业学历和学位。

四、全面加强安全培训基础保障能力建设

（十二）完善安全培训大纲和教材。有关主管部门要定期制定、修订各类人员安全培训大纲和考核标准，根据安全生产工作发展需要和企业安全生产实际，不断规范安全培训内容。鼓励行业组织、企业及培训机构编写针对性、实效性强的实用教材。要分行业组织编写企业职工安全生产应知应会读本、建立生产安全事故案例库和制作警示教育片。

（十三）加强安全培训师资队伍建设。承担安全培训的机构要建立健全安全培训专职教师考核合格后上岗制度，保证专职教师定期参加继续教育，积极组织教师参加国际学术交流。有关主管部门要加强承担安全培训的教师培训，定期开展教师讲课大赛，建立安全培训师资库。企业要建立领导干部上讲台制度，选聘一线安全管理、技术人员担任兼职教师。

（十四）加强安全培训机构建设。要根据实际需要，科学规划安全培训机构建设，控制数量，合理布局。支持大中型企业和欠发达地区建立安全培训机构，重点建设一批具有仿真、体感、实操特色的示范培训机构。要加强安全培训机构管理，定期公布安全培训机构名单和培训范围，接受社会监督。支持高等学校、职业院校、技工院校、工会培训机构等开展安全培训。

（十五）加强远程安全培训。开发国家安全培训网和有关行业网络学习平台，实现优质资源共享。建立安全培训视频课程征集、遴选、审核制度，建设课程"超市"，推行自主选学。实行网络培训学时学分制，将学时和学分结果与继续教育、再培训挂钩，与安全监管监察人员年度考核、提拔使用、评先评优挂钩。利用视频、电视、手机等拓展远程培训形式。

（十六）加强安全培训管理信息化建设。编制安全培训信息管理数据标准。开发安全培训信息管理系统。健全"三项岗位"人员、安全监管监察人员培训持证情况和考试题库、培训机构、考试机构、培训教师等数据库，实现全国安全培训数据共享。

五、全面提高安全培训质量

（十七）强化实际操作培训。制定特种作业人员实训大纲和考试标准。建立安全监管监察人员实训制度。推动科研和装备制造企业在安全培训场所展示新装备新技术。提高 3D、4D、虚拟现实等技术在安全培训中的应用，组织开发特种作业各工种仿真实训系统。

（十八）强化现场安全培训。高危企业要严格班前安全培训制度，有针对性地讲述岗位安全生产与应急救援知识、安全隐患和注意事项等，使班前安全培训成为安全生产第一道防线。要大力推广"手指口述"等安全确认法，帮助员工通过心想、眼看、手指、口述，确保按规程作业。要加强班组长培训，提高班组长现场安全管理水平和现场安全风险管控能力。

（十九）建立安全培训示范视频课程体系。分行业建立"三项岗位"人员安全培训示范视频课程体系，上网发布，逐步实现优质培训资源社会共享。将示范课程作为教师培训的重要内容。建立示范课程跟踪评价制度，定期评选优质课程，给予荣誉称号或者适当资助。

（二十）加强安全培训过程管理和质量评估。建立安全培训需求调研、培训策划、培训计划备案、教学管理、培训效果评估等制度，加强安全培训全过程管理。制定安全培训质量评估指标体系，定期向全社会公布评估结果，并将评估结果作为安全培训机构考评的重要依据。

（二十一）完善安全培训考试体系。有关主管部门要按照职责分工，建立健全本行业领域安全培训考试制度，加强考试机构建设，严格教考分离制度。要建立健全安全资格考试题库，完善国家与地方相结合的题库应用机制。建立网络考试平台，加快计算机考试点建设，开发实际操作模拟考试系统。加强考试监督，严格考试纪律，依法严肃处理考试违纪行为。有关主管部门要统一本行业领域一般从业人员安全培训合格证书式样，规范考试发证管理。

六、加强安全培训监督检查

（二十二）加大安全培训执法力度。有关主管部门要把安全培训纳入年度执法计划，作为日常执法的必查内容，定期开展安全培训专项执法。要规范安全培训执法程序和方法，将抽查持证情况、抽考职工安全生产应知应会知识作为日常执法的重要方式。要加强对承担安全培训的机构管理，深入开展专项治理，促进安全培训机构健康发展。企业要建立安全培训自查自考制度，加大"三违"行为处罚力度。

（二十三）严肃追究安全培训责任。对应持证未持证或者未经培训就上岗的人员，一律先离岗、培训持证后再上岗，并依法对企业按规定上限处罚，直至停产整顿和关闭。对存在不按大纲教学、不按题库考试、教考不分、乱办班等行为的安全培训和考试机构，一律依法严肃处罚。对各类生产安全责任事故，一律倒查培训、考试、发证不到位的责任。对因未培训、假培训或者未持证上岗人员的直接责任引发重特大事故的，所在企业主要负责人依法终身不得担任本行业企业矿长（厂长、经理），实际控制人依法承担相应责任。

（二十四）建立安全培训绩效考核制度。制定安全培训工作绩效考核指标体系，做到定性与定量、内部考核与外部评议相结合。安全培训绩效考核结果要纳入安全生产综合考核内容。每年通报安全培训绩效考核结果。

七、切实加强对安全培训工作的组织领导

（二十五）把安全培训摆上更加突出位置。各级政府及有关主管部门、各企业要把安全培训工作纳入实施安全发展战略的总体布局。各级安委会要定期研究解决安全培训突出问题，有关主管部门主要负责同志要亲自抓、负总责，各级安委会办公室要牵头抓总，当好参谋，创新实践，整合资源，示范引领。要经常深入基层、企业开展安全培训调查研究。要支持工会、共青团、妇联、科协以及新闻媒体等参与、监督安全培训工作。

（二十六）保证安全培训投入。建立以企业投入为主、社会资金积极资助的安全培训投入机制。要将政府应当承担的安全培训经费纳入财政保障范围。企业要在职工培训经费和安全费用中足额列支安全培训经费，实施技术改造和项目引进时要专门安排安全培训资金。研究探索由开展安全生产责任险、建筑意外伤害险的保险机构安排一定资金，用于事故预防与安全培训工作。

（二十七）充分运用典型和媒体推动安全培训工作。要总结推广政府有关主管部门加大安全培训监管力度、企业落实安全培训主体责任、培训机构提高安全培训质量的典型经验，以点带面推动工作。要定期公布安全培训问题企业和问题培训机构名单。要广泛宣传安全培训工作的重要地位和作用，宣传安全生产知识和技能，不断提高人民群众安全素质，努力形成全社会更加支持安全生产工作的氛围。

各省级安委会和国务院有关主管部门及各有关中央企业要根据本决定制定实施意见，并及时将实施意见和落实情况报告国务院安委会办公室。

国务院安委会

2012 年 11 月 21 日

附录三 国务院办公厅关于进一步 加强煤矿安全生产工作的意见

国办发〔2013〕99号

各省、自治区、直辖市人民政府，国务院各部委、各直属机构：

煤炭是我国的主体能源，煤矿安全生产关系煤炭工业持续发展和国家能源安全，关系数百万矿工生命财产安全。近年来，通过各方面共同努力，煤矿安全生产形势持续稳定好转。但事故总量仍然偏大，重特大事故时有发生，暴露出煤矿安全管理中仍存在一些突出问题。党中央、国务院对此高度重视，要求深刻汲取事故教训，坚守发展决不能以牺牲人的生命为代价的红线，始终把矿工生命安全放在首位，大力推进煤矿安全治本攻坚，建立健全煤矿安全长效机制，坚决遏制煤矿重特大事故发生。为进一步加强煤矿安全生产工作，经国务院同意，现提出以下意见：

一、加快落后小煤矿关闭退出

（一）明确关闭对象。重点关闭9万吨/年及以下不具备安全生产条件的煤矿，加快关闭9万吨/年及以下煤与瓦斯突出等灾害严重的煤矿，坚决关闭发生较大及以上责任事故的9万吨/年及以下的煤矿。关闭超层越界拒不退回和资源枯竭的煤矿；关闭拒不执行停产整顿指令仍然组织生产的煤矿。不能实现正规开采的煤矿，一律停产整顿；逾期仍未实现正规开采的，依法实施关闭。没有达到安全质量标准化三级标准的煤矿，限期停产整顿；逾期仍不达标的，依法实施关闭。

（二）加大政策支持力度。通过现有资金渠道加大支持淘汰落后产能力度，地方人民政府应安排配套资金，并向早关、多关的地区倾斜。研究制定信贷、财政优惠政策，鼓励优势煤矿企业兼并重组小煤矿。修订煤炭产业政策，提高煤矿准入标准。国家支持小煤矿集中关闭地区发展替代产业，加强基础设施建设，加快缺煤地区能源输送通道建设，优先保障缺煤地区的铁路运力。

（三）落实关闭目标和责任。到 2015 年底全国关闭 2000 处以上小煤矿。各省级人民政府负责小煤矿关闭工作，要制定关闭规划，明确关闭目标并确保按期完成。

二、严格煤矿安全准入

（四）严格煤矿建设项目核准和生产能力核定。一律停止核准新建生产能力低于 30 万吨/年的煤矿，一律停止核准新建能力低于 90 万吨/年的煤与瓦斯突出矿井。现有煤与瓦斯突出、冲击地压等灾害严重的生产矿井，原则上不再扩大生产能力；2015 年底前，重新核定上述矿井的生产能力，核减不具备安全保障能力的生产能力。

（五）严格煤矿生产工艺和技术设备准入。建立完善煤炭生产技术与装备、井下合理生产布局以及能力核定等方面的政策、规范和标准，严禁使用国家明令禁止或淘汰的设备和工艺。煤矿使用的设备必须按规定取得煤矿矿用产品安全标志。

（六）严格煤矿企业和管理人员准入。规范煤矿建设项目安全核准、项目核准和资源配置的程序。未通过安全核准的，不得通过项目核准；未通过项目核准的，不得颁发采矿许可证。不具备相应灾害防治能力的企业申请开采高瓦斯、冲击地压、煤层易自燃、水文地质情况和条件复杂等煤炭资源的，不得通过安全核准。从事煤炭生产的企业必须有相关专业和实践经历的管理团队。煤矿必须配备矿长、总工程师和分管安全、生产、机电的副矿长，以及负责采煤、掘进、机电运输、通风、地质测量工作的专业技术人员。矿长、总工程师和分管安全、生产、机电的副矿长必须具有安全资格证，且严禁在其他煤矿兼职；专业技术人员必须具备煤矿相关专业中专以上学历或注册安全工程师资格，且有 3 年以上井下工作经历。鼓励专业化的安全管理团队以托管、入股等方式管理小煤矿，提高小煤矿技术、装备和管理水平。建立煤炭安全生产信用报告制度，完善安全生产承诺和安全生产信用分类管理制度，健全安全生产准入和退出信用评价机制。

三、深化煤矿瓦斯综合治理

（七）加强瓦斯管理。认真落实国家关于促进煤层气（煤矿瓦斯）抽采利用的各项政策。高瓦斯、煤与瓦斯突出矿井必须严格执行先抽后采、不抽不采、抽采达标。煤与瓦斯突出矿井必须按规定落实区域防突措施，开采保护层或实施区域性预抽，消除突出危险性，做到不采突出面、不掘突出头。发现瓦斯超限仍然作业的，一律按照事故查处，依法依规处理责任人。

（八）严格煤矿企业瓦斯防治能力评估。完善煤矿企业瓦斯防治能力评估制度，提高评估标准，增加必备性指标。加强评估结果执行情况监督检查，经评估不具备瓦斯防治能力的煤矿企业，所属高瓦斯和煤与瓦斯突出矿井必须停产整顿、兼并重组，直至依法关闭。加强评估机构建设，充实评估人员，落实评估责任，对弄虚作假的单位和个人要严肃追究责任。

四、全面普查煤矿隐蔽致灾因素

（九）强制查明隐蔽致灾因素。加强煤炭地质勘查管理，勘查程度达不到规范要求的，不得为其划定矿区范围。煤矿企业要加强建设、生产期间的地质勘查，查明井田范围内的瓦斯、水、火等隐蔽致灾因素，未查明的必须综合运用物探、钻探等勘查技术进行补充勘查；否则，一律不得继续建设和生产。

（十）建立隐蔽致灾因素普查治理机制。小煤矿集中的矿区，由地方人民政府组织进行区域性水害普查治理，对每个煤矿的老空区积水划定警戒线和禁采线，落实和完善预防性保障措施。国家从中央有关专项资金中予以支持。

五、大力推进煤矿"四化"建设

（十一）加快推进小煤矿机械化建设。国家鼓励和扶持30万吨/年以下的小煤矿机械化改造，对机械化改造提升的符合产业政策规定的最低规模的产能，按生产能力核定办法予以认可。新建、改扩建的煤矿，不采用机械化开采的一律不得核准。

（十二）大力推进煤矿安全质量标准化和自动化、信息化建设。深入推进煤矿安全质量标准化建设工作，强化动态达标和岗位达标。煤矿必须确保安全监控、人员定位、通信联络系统正常运转，并大力推进信息化、物联网技术应用，充分利用和整合现有的生产调度、监测监控、办公自动化等信息化系统，建设完善安全生产综合调度信息平台，做到视频监视、实时监测、远程控制。县级煤矿安全监管部门要与煤矿企业安全生产综合调度信息平台实现联网，随机抽查煤矿安全监控运行情况。地方人民政府要培育发展或建立区域性技术服务机构，为煤矿特别是小煤矿提供技术服务。

六、强化煤矿矿长责任和劳动用工管理

（十三）严格落实煤矿矿长责任制度。煤矿矿长要落实安全生产责任，切实保护矿工生命安全，确保煤矿必须证照齐全，严禁无证照或者证照失效非法生产；必须在批准区域正规开采，严禁超层越界或者巷道式采煤、空顶作业；必须做到通风系统可靠，严禁无风、微风、循环风冒险作业；必须做到瓦斯抽采达标，防突措施到位，监控系统有效，瓦斯超限立即撤人，严禁违规作业；必须落实井下探放水规定，严禁开采防隔水煤柱；必须保证井下机电和所有提升设备完好，严禁非阻燃、非防爆设备违规入井；必须坚持矿领导下井带班，确保员工培训合格、持证上岗，严禁违章指挥。达不到要求的煤矿，一律停产整顿。

（十四）规范煤矿劳动用工管理。在一定区域内，加强煤矿企业招工信息服务，统一组织报名和资格审查、统一考核、统一签订劳动合同和办理用工备案、统一参加社会保险、统一依法使用劳务派遣用工，并加强监管。严格实施工伤保险实名制；严厉打击无证上岗、持假证上岗。

（十五）保护煤矿工人权益。开展行业性工资集体协商，研究确定煤矿工人小时最低工资标准，提高下井补贴标准，提高煤矿工人收入。严格执行国家法定工时制度。停产整顿煤矿必须按

305

期发放工人工资。煤矿必须依法配备劳动保护用品，定期组织职业健康检查，加强尘肺病防治工作，建设标准化的食堂、澡堂和宿舍。

（十六）提高煤矿工人素质。加强煤矿班组安全建设，加快变"招工"为"招生"，强化矿工实际操作技能培训与考核。所有煤矿从业人员必须经考试合格后持证上岗，严格教考分离、建立统一题库、制定考核办法、对考核合格人员免费颁发上岗证书。健全考务管理体系，建立考试档案，切实做到考试不合格不发证。将煤矿农民工培训纳入各地促进就业规划和职业培训扶持政策范围。

七、提升煤矿安全监管和应急救援科学化水平

（十七）落实地方政府分级属地监管责任。地方各级人民政府要切实履行分级属地监管责任，强化"一岗双责"，严格执行"一票否决"。强化责任追究，对不履行或履行监管职责不力的，要依纪依法严肃追究相关人员的责任。各地区要按管理权限落实停产整顿煤矿的监管责任人和验收部门，省属煤矿和中央企业煤矿由省级煤矿安全监管部门组织验收，局长签字；市属煤矿由市（地）级煤矿安全监管部门组织验收，市（地）级人民政府主要负责人签字；其他煤矿由县级煤矿安全监管部门组织验收，县级人民政府主要负责人签字。中央企业煤矿必须由市（地）级以上煤矿安全监管部门负责安全监管，不得交由县、乡级人民政府及其部门负责。

（十八）明确部门安全监管职责。按照管行业必须管安全、管业务必须管安全、谁主管谁负责的原则，进一步明确各部门监管职责，切实加强基层煤炭行业管理和煤矿安全监管部门能力建设。创新监管监察方式方法，开展突击暗查、交叉执法、联合执法，提高监督管理的针对性和有效性。煤矿安全监管监察部门发现煤矿存在超能力生产等重大安全生产隐患和行为的，要依法责令停产整顿；发现违规建设的，要责令停止施工并依法查处；发现停产整顿期间仍然组织生产的煤矿，要依法提请地方政府关

闭。煤矿安全监察机构要严格安全准入，严格煤矿建设工程安全设施的设计审查和竣工验收；依法加强对地方政府煤矿安全生产监管工作的监督检查；对停产整顿煤矿要依法暂扣其安全生产许可证。国土资源部门要严格执行矿产资源规划、煤炭国家规划矿区和矿业权设置方案制度，严厉打击煤矿无证勘查开采、以煤田灭火或地质灾害治理等名义实施露天采煤、以硐探坑探为名实施井下开采、超越批准的矿区范围采矿等违法违规行为。公安部门要停止审批停产整顿煤矿购买民用爆炸物品。电力部门要对停产整顿煤矿限制供电。建设主管部门要加强煤矿施工企业安全生产许可证管理，组织及时修订煤矿设计相应标准规范，会同煤炭行业管理部门强化对煤矿设计、施工和监理单位的资质监管。投资主管部门要提高煤矿安全技术改造资金分配使用的针对性和实效性。

（十九）加快煤矿应急救援能力建设。加强国家（区域）矿山应急救援基地建设，其运行维护费用由中央财政和所在地省级财政给予支持。加强地方矿山救护队伍建设，其运行维护费用由地方财政给予支持。煤矿企业按照相关规定建立专职应急救援队伍。没有建立专职救援队伍的，必须建设兼职辅助救护队。煤矿企业要统一生产、通风、安全监控调度，建立快速有效的应急处置机制；每年至少组织一次全员应急演练。加强煤矿事故应急救援指挥，发生重大及以上事故，省级人民政府主要负责人或分管负责人要及时赶赴事故现场。在煤矿抢险救灾中牺牲的救援人员，应当按照国家有关规定申报烈士。

（二十）加强煤矿应急救援装备建设。煤矿要按规定建设完善紧急避险、压风自救、供水施救系统，配备井下应急广播系统，储备自救互救器材。煤矿或煤矿集中的矿区，要配备适用的排水设备和应急救援物资。加快研制并配备能够快速打通"生命通道"的先进设备。支持重点开发煤矿应急指挥、通信联络、应急供电等设备和移动平台，以及遇险人员生命探测与搜索定位、灾害现场大型破拆、救援人员特种防护用品和器材等救援装备。

国务院各有关部门要按照职责分工研究制定具体的政策措施，落实工作责任，加强监管监察并认真组织实施。各省级人民政府要结合本地实际制定实施办法，加强组织领导，强化煤矿安全生产责任体系建设，强化监督检查，加强宣传教育，强化社会监督，严格追究责任，确保各项要求得到有效执行。

国务院办公厅

2013 年 10 月 2 日

参 考 文 献

[1] 国家安全生产监督管理总局，国家煤矿安全监察局．煤矿安全规程 [M]．北京：煤炭工业出版社，2012．

[2] 袁河津．《煤矿安全规程》专家解读（2011 年修订版）[M]．徐州：中国矿业大学出版社，2011．

[3] 成家钰，莫万强．煤矿工人安全技术操作规程指南（合订本）[M]．北京：煤炭工业出版社，2006．

[4] 国家安全生产监督管理总局．矿山救护规程 [M]．北京：煤炭工业出版社，2008．

[5] 袁河津．煤矿顶板安全管理知识培训教材 [M]．徐州：中国矿业大学出版社，2010．

[6] 袁河津．煤矿新工人岗前培训教材 [M]．徐州：中国矿业大学出版社，2011．

[7] 成家钰．煤矿作业规程编制指南 [M]．北京：煤炭工业出版社，2005．

[8] 袁河津．煤矿三大规程及相关法规 500 问 [M]．徐州：中国矿业大学出版社，2011．

[9] 王树玉．煤矿企业安全管理手册 [M]．徐州：中国矿业大学出版社，2006．

[10] 袁河津．煤矿防治水知识培训教材 [M]．徐州：中国矿业大学出版社，2010．

[11] 袁河津．怎样当好煤矿班组长 [M]．徐州：中国矿业大学出版社，2007．

[12] 王中昌．特聘煤矿安全群众监督员培训教材 [M]．徐州：中国矿业大学出版社，2012．

[13] 王树玉．煤矿"三违"行为剖析及其防范对策 [M]．徐州：中国矿业大学出版社，2006．

[14] 王树玉．煤矿五大灾害事故分析和防治对策 [M]．徐州：中国矿业大学出版社，2006．

[15] 王树玉．煤矿机电、运输提升与爆破事故分析和防治对策 [M]．徐

州：中国矿业大学出版社，2006.

[16] 袁河津. 煤矿从业人员安全培训及安全技能训练考核教材［M］. 徐州：中国矿业大学出版社，2008.

[17] 袁河津. 手指口述安全确认示范操作必读［M］. 徐州：中国矿业大学出版社，2007.

[18] 袁河津. 矿工井下避灾与救护训练［M］. 徐州：中国矿业大学出版社，2010.

[19] 李建铭. 煤与瓦斯突出防治技术手册［M］. 徐州：中国矿业大学出版社，2006.

[20] 华福明. 防治煤与瓦斯突出培训教材［M］. 徐州：中国矿业大学出版社，2005.

[21] 袁河津. 班前会一周一案学习必读——52 起煤矿典型事故案例剖析［M］. 徐州：中国矿业大学出版社，2010.

[22] 孙继平. 煤矿防治瓦斯事故培训教材［M］. 北京：煤炭工业出版社，2005.

[23] 袁亮. 煤矿总工程师技术手册［M］. 北京：煤炭工业出版社，2010.